# AIGC革命

## 新时代技术变革与场景赋能

崔超 连钧权 邹烨◎著

中国科学技术出版社
·北 京·

**图书在版编目（CIP）数据**

AIGC 革命：新时代技术变革与场景赋能 / 崔超，连钧权，邹烨著 . -- 北京：中国科学技术出版社，2025. 1. -- ISBN 978-7-5236-0967-5

Ⅰ . TP18

中国国家版本馆 CIP 数据核字第 2024NC7021 号

| | | | |
|---|---|---|---|
| **策划编辑** | 何英娇 | **执行策划** | 张　岶 |
| **责任编辑** | 何英娇 | **封面设计** | 仙境设计 |
| **版式设计** | 蚂蚁设计 | **责任校对** | 邓雪梅 |
| **责任印制** | 李晓霖 | | |

| | |
|---|---|
| **出　　版** | 中国科学技术出版社 |
| **发　　行** | 中国科学技术出版社有限公司 |
| **地　　址** | 北京市海淀区中关村南大街 16 号 |
| **邮　　编** | 100081 |
| **发行电话** | 010-62173865 |
| **传　　真** | 010-62173081 |
| **网　　址** | http://www.cspbooks.com.cn |

| | |
|---|---|
| **开　　本** | 880mm × 1230mm　1/32 |
| **字　　数** | 188 千字 |
| **印　　张** | 8.875 |
| **版　　次** | 2025 年 1 月第 1 版 |
| **印　　次** | 2025 年 1 月第 1 次印刷 |
| **印　　刷** | 大厂回族自治县彩虹印刷有限公司 |
| **书　　号** | ISBN 978-7-5236-0967-5/TP · 506 |
| **定　　价** | 69.00 元 |

# 前言

2023年，ChatGPT[1]迅速崛起，凭借强大的多轮对话、内容自动生成等能力，以及多场景落地应用的巨大潜力，引发了很多人对AIGC（Artificial Intelligence Generated Content，人工智能生成内容）这一新蓝海的期待。在这一趋势下，谷歌、微软、百度、阿里巴巴等越来越多的企业开始布局AIGC领域，推出了多种多样的底层大模型以及AIGC产品，加速了AIGC市场的繁荣。

AIGC的巨大价值在于对内容生成方式的革新。AIGC作为新的内容生成引擎，带动了内容生产方式从传统的PGC（Professionally-generated Content，专业生产内容）、UGC（User-generated Content，用户生产内容）向AIGC转变。AIGC能够实现文字、语音、视频、图像、代码、3D[2]等多种内容的生成，在内容创意生成、内容个性化生成、内容传播等方面具有显著的优势。基于强大的内容智能生成能力，AIGC有望成为

---

[1] Chat Generative Pre-transformer，是美国人工智能研究实验室OpenAI推出的一种人工智能技术驱动的自然语言处理工具。——编者注

[2] 3 Dimensions，指三维、三个维度、三个坐标组成的空间。——编者注

未来的重要基础设施，为数字内容创作注入新活力，为数字经济的发展注入新动能。

AI（人工智能）技术的突破与发展驱动了 AIGC 的快速发展。其中，大模型为 AIGC 提供底层技术支撑，推动了 AIGC 技术能力的质变；多模态技术增强了大模型的通用化能力，使 AIGC 生成的内容更加多样化。多模态大模型成为驱动 AIGC 技术发展与产品应用的核心力量。在技术的支撑下，AIGC 的应用范围逐渐扩大，已经在传媒、电商、医疗等多个领域落地。

想要布局 AIGC 领域的企业，可以通过打造 MaaS（Model-as-a-service，模型即服务）模式，提供多样化 AIGC 服务的方式实现商业变现。当前，定制化大模型开发、产品集成大模型能力等已经成为趋势，为企业探索 AIGC 提供了方向。

面对巨大的市场机遇，许多企业虽然意识到布局 AIGC 的重要性，但对于如何切入这一赛道、如何将 AIGC 与自身业务有效结合感到迷茫。本书针对企业的这些需求，对 AIGC 进行了深入剖析。

一方面，本书详细解读了 AIGC 的概念、大模型技术、产业态势以及当前的竞争格局，帮助读者深入了解 AIGC 的底层技术、发展现状以及企业布局情况，进而分析其中的发展机遇。另一方面，本书还对 AIGC 在多个领域的应用进行了全面讲解，包括数据服务、线上社交、文化娱乐等方面。通过不同方面的讲解，本书不仅揭示了 AIGC 对各领域的深刻影响，还指出了可能的切入点和典型案例，使内容既丰富又具有极强的指导性。

通过阅读本书，企业能够更全面地了解 AIGC，并有针对性地思考如何将其与自身业务相结合，从而把握发展机遇，实现更好的发展。

# 目 录

# 第一章

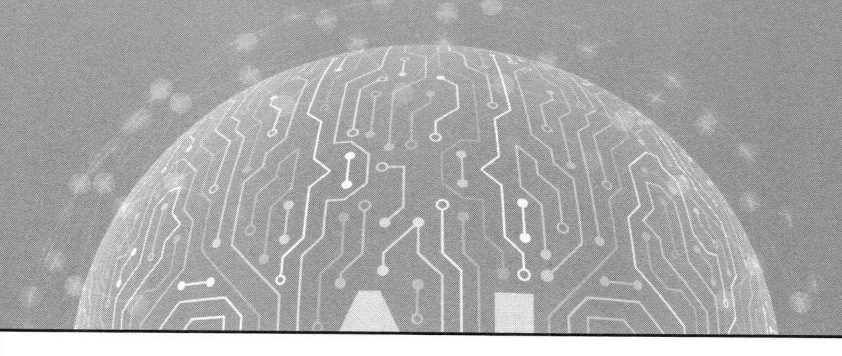

## AIGC：开启新一轮生产力革命

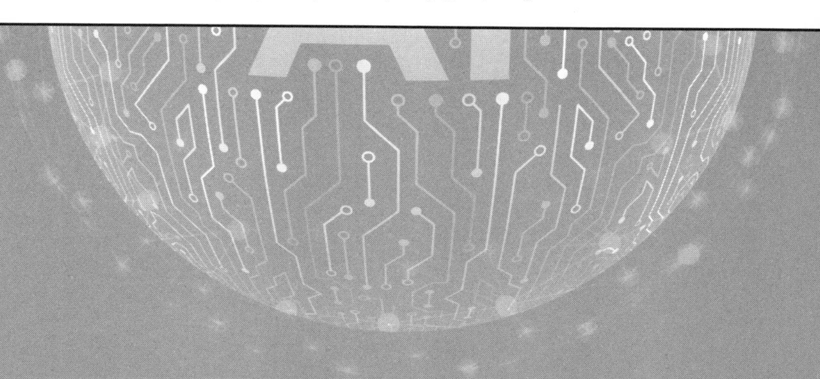

CHAPTER 1

随着 ChatGPT 的强势出圈和各类大模型的兴起，AIGC 时代到来。基于强大的生成能力，AIGC 爆发出巨大的应用价值，引发了新一轮生产力革命。本章就详细拆解 AIGC 的概念，深度剖析 AIGC 带来的生产力变革。

# 第一节
# 技术驱动，AIGC 诞生

在多种技术的支持下，AI 能够像人类一样思考与创作，生成多元化的内容。这突破了以往 AI 更多地应用于数据分析的局限，带来了新的内容生成方式。AIGC 的诞生，标志着人工智能在内容创作方面迈出了重要的一步，引领着整个领域向着更加广阔和深入的方向发展。

## AIGC：功能强大的生成式 AI

AIGC 是人工智能生成内容，是利用 AI 生成内容的一种技术，是一种功能强大的生成式 AI。在深度学习算法、预训练模型等技术的支持下，AIGC 不同于传统模式中根据既定规则输出内容，它能够根据用户的要求智能生成全新内容，颠覆了传统的内容生成方式。

要想了解 AIGC 智能生成内容的奥秘，我们就需要对其背后的运行流程进行解析。具体而言，AIGC 的运行流程包括以下几个环节，如图 1-1 所示。

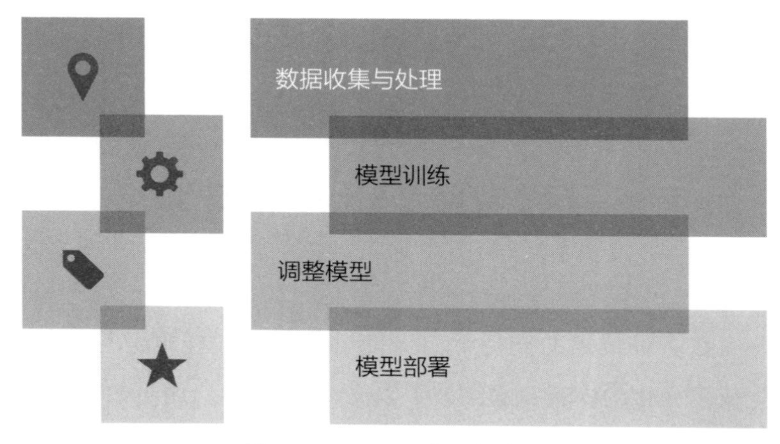


图 1-1 AIGC 的运行流程

## 1. 数据收集与处理

AIGC 的生成能力基于对海量数据的训练与学习，因此，企业首先需要做好数据收集与处理工作。数据往往来源于公开数据网站、社交媒体、互联网等，可能存在噪声或错误，因此，企业需要对数据进行清洗，保证数据的质量。

在使用数据训练模型前，企业还需要对数据进行预处理，如进行词性标注、命名实体识别[1]等。这能够帮助模型理解数据内容和语义关系，进而生成更准确的内容。

---

[1] 命名实体识别（Name Entity Recognition，NER）是在一段文本中，将预先定义好的实体类型（人名、机构、地名等）识别出来。——编者注

### 2. 模型训练

准备好数据之后，接下来就可以进行模型训练。常见的可选择模型包括 RNN（Recurrent Neural Network，循环神经网络）、LSTM（Long Short Term Memory Network，长短时记忆网络）、Transformer 模型[1]等。在模型对大量数据进行学习的过程中，企业需要反复调整模型参数，让模型掌握创作规律和方法。

模型训练完成后，便可以生成并输出文本、图像等内容。在生成内容的过程中，模型能够根据用户要求的变化不断调整生成结果，并实现生成内容的优化。

### 3. 调整模型

在模型完成训练、具备生成能力之后，企业还需要对模型的生成能力进行测试、评估，判断模型的泛化能力、性能等。之后，企业需要根据评估结果适当对模型进行调整，如增加训练数据、调整模型参数等，直到模型达到预期效果。

### 4. 模型部署

对模型进行调整后，企业需要把训练好的模型部署到实

---

[1] 一种革命性的自然语言处理架构，由谷歌的研究团队在 2017 年提出。——编者注

际应用场景中，如将模型与社交媒体相结合，打造社交媒体机器人；与写稿软件相结合，打造新闻生成器等。这些应用具备 AIGC 能力后，能够为用户带来前所未有的智能体验。

总之，在大模型强大的学习与生成能力的支持下，AIGC 能够快速生成多样的内容。这不仅大幅提升了内容生产效率，还能够突破人类的思维局限，创造出更具创意的内容，为内容创作领域注入新的活力。

随着 AIGC 的发展与应用，其将重塑各个行业，带来内容生产的新方式和新体验。例如，AIGC 在搜索引擎领域的落地将实现搜索内容智能生成，改变人们获取信息的方式；在办公领域，融入 AIGC 技术的办公应用将变得更加智能，能辅助人们更高效地完成各项任务；在营销领域，营销文案、广告等营销内容都可以通过 AIGC 生成，大幅提升了营销内容的生产效率。

未来，AIGC 将重塑各种软件服务，让更多应用具备智能生成能力，给生产力带来深刻变革。

## 从分析式 AI 到生成式 AI，实现 AI 技术迭代

AIGC 的诞生是分析式 AI 向生成式 AI 演进的标志，是 AI 技术迭代的重要成果。以往，市场中的 AI 应用主要是分析式 AI，其功能主要是对数据进行挖掘与分析，以预测未来趋势。例如，在电商平台中，智能推荐算法基于对用户历史行为数据

的分析，预测用户的购物偏好，进而向用户推荐其可能感兴趣的商品；在短视频平台中，智能推荐算法通过分析用户观看、点赞等行为数据，了解用户偏好，并向用户推荐更符合其兴趣的视频。

生成式 AI 与分析式 AI 有着明显的区别。生成式 AI 的核心在于通过对海量数据的学习和训练，生成新的数据。从根本上来看，分析式 AI 的主要功能是分析与判别，而生成式 AI 的主要功能是生成新内容。例如，通过学习某位艺术家的大量作品，分析式 AI 能够在面对一幅新作品时，判断出这幅作品是否为该艺术家的作品，而生成式 AI 能够创作出与该艺术家风格相似的作品。

AI 技术的迭代推动了分析式 AI 向生成式 AI 进化，让 AI 的应用方式由分析转向创造。一方面，生成算法的不断发展，使 AI 能够基于已经学习的数据生成文本、图像、语音等多类型的内容。另一方面，预训练模型的出现提升了 AI 的通用能力，凭借大规模数据的预训练，预训练模型具备更强大的自然语言理解与生成能力。此外，多模态技术的发展使得预训练模型能够实现文本、图像、视频等多模态内容的转换，进一步提升了预训练模型的通用性。

基于 AI 技术的迭代，生成式 AI 具备强大的内容生成能力，AIGC 应运而生。AIGC 代表了 AI 技术发展的新趋势，体现了 AI 从理解世界到生成世界的变迁。可以说，AIGC 的诞生具有颠覆性的意义。

基于强大的生成能力，AIGC 能够应用于各种内容生产领域，在创意发掘、内容生成、智能工具打造等方面发挥巨大价值，极大地拓展了 AI 的应用范围。而在 AIGC 发展与应用的过程中，各企业可以探索新业务、新商业模式，抓住新的市场机遇实现弯道超车。

## 从 PGC 到 AIGC，实现内容的智能生成

从内容创作的角度来看，内容创作方式经历了从 PGC（Professional Generated Content，专业生成内容）到 UGC 再到 AIGC 的迭代，实现了内容智能生成。

PGC 指的是由专业人士创作内容，这种方式起源于传统媒体时代，如电影、电视内容的创作。如今，还有很多内容平台采用 PGC 模式，如新华社、IT 之家、36 氪、爱奇艺等。在 PGC 模式下，内容创作者为专业人士，用户只能被动地获取信息。

UGC 指的是用户自己创作并上传内容，如发布文字、图片、视频等，应用场景包括社交媒体、知识共享平台、在线论坛等。在 UGC 模式下，用户成为内容创作者，可以充分展现自身的创造力。但是，在 UGC 模式下生成的内容质量难以保证，需要平台设计规则对用户的行为进行约束，并筛选出优质内容。

AIGC 不同于以上两种内容生产方式，不是依赖人创造内

容，而是通过 AI 生成内容。和以上两种方式相比，AIGC 实现了内容生成主体由人向机器的转变。AIGC 能够根据不同的用户需求生成不同主题、不同风格的内容，提升了内容的丰富度。

AIGC 能够从两方面赋能内容生成。一方面，AIGC 能够生成更具创新性的内容。例如，AIGC 能够实现 AI 歌曲创作、视频创作、虚拟数字人创作等，打造新颖、富有创意的内容。另一方面，AIGC 能够从灵感获取、素材收集、内容生成等多方面辅助用户进行创作，提升用户的创作效率。同时，AIGC 还提供文字、图像、音频、视频等多样的内容表现形式，更好地帮助用户进行内容表达。

综上所述，从 PGC、UGC 到 AIGC 体现了内容创作从专业化、个性化到智能化的发展历程。作为新型内容创作方式，AIGC 将在不断发展中持续推动内容生成领域变革，实现更多内容的智能生成。

# 第二节
# ChatGPT 引爆，AIGC 爆发式增长

2023 年以来，ChatGPT 成为引爆互联网的热门词语，随之而来的，是企业布局 AIGC，AIGC 领域的项目获得融资等消息频频出现。在 ChatGPT 的推动下，AIGC 领域市场获得了爆发式增长。通过对 ChatGPT 这一典型应用进行拆解，我们能更清楚地了解 AIGC 背后的逻辑。

## ChatGPT：实现自然语言智能处理

ChatGPT 是由人工智能公司 OpenAI（美国开放人工智能研究中心）推出的一款自然语言处理工具，基于底层模型 GPT-4V 运行。ChatGPT 具有强大的语言处理与生成能力，能够理解上下文，进行逻辑推理、语义分析等，实现自然、智能的对话交流。

一方面，ChatGPT 能够从用户输入的内容中准确捕捉用户意图，并提供相应的反馈。它能够理解多样的自然语言表达方式，如询问、陈述等，能更好地满足用户的需求。例如，在用户提出问题时，ChatGPT 不仅可以快速回答问题、提供信息，

还能够以自然的表达方式与用户进行交互，带给用户沉浸式的交互体验。

另一方面，ChatGPT 能够进行上下文理解和逻辑推理，从上下文中获取有关信息，与用户进行连贯的交流。这使得 ChatGPT 能够更好地理解用户意图，生成更加准确、个性化的回复。这种智能对话方式在智能客服、智能助手等领域起到了重要的作用。

此外，ChatGPT 还具有自我学习、不断进化的能力，能够通过持续的数据训练和模型更新，不断提升自身表现。它能够从用户的反馈中持续学习，并及时更新模型，以更好地满足用户的需求。

综上所述，作为新一代自然语言处理工具，ChatGPT 为人机交互带来了重大改变。它凭借强大的语言理解和对话生成能力，实现了更加智能、准确和自然的交流。未来，ChatGPT 将在客户服务、教育等诸多领域发挥作用，为人们的生活带来多样的智能化体验。

## GPT-4V：底层模型提供超强能力

2023 年 9 月，OpenAI 宣布在 ChatGPT 中推出新的语音和图像功能。基于新功能，ChatGPT 提供了一种更直观的界面，允许用户通过语音或图像的方式与其互动。

例如，在旅行时拍摄照片并上传到 ChatGPT，用户可以与

ChatGPT 讨论照片中的有趣内容；拍摄冰箱里的食材并将照片上传到 ChatGPT，用户可以与 ChatGPT 讨论晚餐吃什么，并在获得建议后获取食谱。

ChatGPT 交互功能的实现离不开底层模型 GPT–4V 的支持。GPT–4V 是 GPT–4 模型的升级版，在 GPT–4 的基础上 GPT–4V 具备了视觉功能。基于视觉功能，GPT–4V 支持图像输入与分析，在视觉理解、描述、推理等诸多方面具有类似人类的水平。

GPT–4V 支持多种输入方式，如文本输入、图像输入、文本与图像交错输入等，能够识别文本、图像以及箭头、圆圈等视觉标记，能更好地理解用户生成内容的意图。基于 GPT–4V 的通用性，以上输入方式可任意混合使用。

在能力方面，GPT–4V 具有三大能力，如图 1–2 所示。

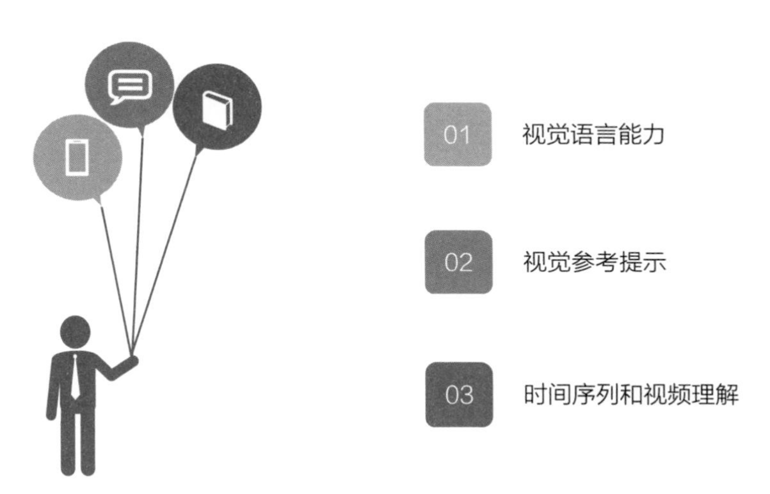


图 1–2　GPT–4V 的三大能力

### 1. 视觉语言能力

GPT-4V 能够理解、解释视觉世界，阐释图片信息，如进行图标识别、医学图像理解、场景理解等。同时，GPT-4V 又具备多模态知识推理能力，如理解笑话、科学知识，进行图表理解与推理、视觉数学推理等。

### 2. 视觉参考提示

在与多模态系统进行人机交互时，指向特定的空间位置是一项十分重要的能力，即通过编辑图像像素空间，绘制视觉指针作为指示指令，包括理解指向输入、生成指向输出等。GPT-4V 能够对问题进行解构，生成多样的视觉标记，以在不同的步骤中聚焦于不同的图像区域，最终在整合信息的基础上生成最终的答案。

### 3. 时间序列和视频理解

GPT-4V 能够理解时间序列与视频。在多图像序列方面，GPT-4V 能够理解不同姿势的序列和上下文，并将这些理解与正在进行的活动关联起来。同时，GPT-4V 能够理解视频中的时间排序、进行后续动作预测等。

总之，在 GPT-4V 的支持下，ChatGPT 具备了强大的视觉理解能力，为其在安全检查、医疗影像等场景中的应用奠定了基础。

## 广泛应用：ChatGPT 融入生活多场景

随着 ChatGPT 的深入发展，其应用范围越来越广，融入到了社交、娱乐、办公等多个生活场景中，给用户带来了新的生活体验。

在社交方面，作为一种智能对话系统，ChatGPT 能够重塑人们之间的交流方式，同时推动社交平台的智能化发展。一方面，ChatGPT 使人们与机器对话成为可能，在一定程度上改变了人际交往方式。人们可以向 ChatGPT 倾诉心事、寻求建议，进行多种情感交互，使人际交往的维度进一步拓展。

另一方面，ChatGPT 与社交平台的结合推动了社交平台的智能化发展。基于 ChatGPT，社交平台能够更准确地分析用户的行为模式，了解用户兴趣，为不同的用户推送个性化的内容，提高用户的社交满意度。

在娱乐方面，ChatGPT 能够辅助游戏开发，帮助游戏开发者生成游戏地图、剧情、道具等。同时，其与游戏 NPC（Non-Player Character，非玩家角色）的结合有助于提升 NPC 的智能性，使 NPC 实现与玩家的智能交互。ChatGPT 还能够辅助用户进行影视剧、音乐、虚拟数字人等各种娱乐内容创作，降低内容创作门槛。例如，在短视频创作过程中，用户可以借助 ChatGPT 生成个性化的短视频文案；在音乐创作中，ChatGPT 能够帮助用户创作歌词、编曲等。

在办公方面，ChatGPT 能够作为办公助手，为员工解答各种办公问题。同时，还能与企业的各种管理系统相结合，更新办公软件和办公流程，提升工作流程的自动化程度，提高办公效率。例如，ChatGPT 能够与企业的客服机器人结合，提升客服机器人在解决问题咨询、业务办理方面的智能性，提升企业的服务水平。

ChatGPT 能够在短时间内收集大量数据，对数据进行处理与分析并输出准确的分析结果，为企业的科学决策提供参考。

除了以上场景，ChatGPT 逐渐在教育、电商、制造等更多行业的更多场景中落地，对生产生活的影响不断加深。ChatGPT 展现出巨大的应用价值，引发更多的人关注并认识到 AIGC 的巨大发展潜力，从而积极入局 AIGC 领域。

## Sora：OpenAI 突破式文生视频模型

2024 年 2 月，OpenAI 发布了文生视频模型 Sora。这是 OpenAI 继 ChatGPT 之后，推出的另一款足以颠覆行业发展的 AIGC 应用。仅根据提示词，Sora 就能够生成长达 60 秒的视频，而行业平均水平大概只能生成 4 秒的视频。Sora 生成的视频在连贯性与质量方面具有明显优势，这得益于 Sora 的三大能力优势，如图 1–3 所示。

### 1. 实现图文成片

在图像成片方面，Sora 能够根据静态图像生成视频，或

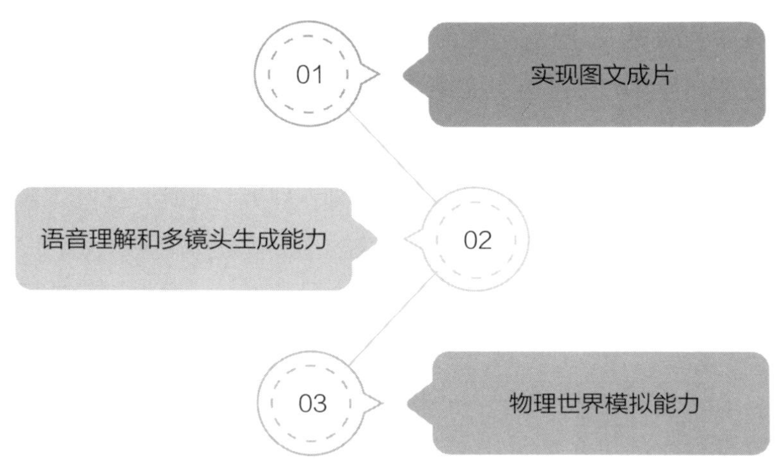


图 1-3 Sora 的三大能力优势

者对现有视频进行扩展，补充视频中的缺失帧。在文本成片方面，Sora 能够根据文本描述，生成 60 秒的高清视频。同时，在视频生成的过程中，Sora 还能够生成各种角色和运动，以及复杂的场景。

## 2. 语言理解和多镜头生成能力

在语言理解方面，Sora 能够准确理解提示并据此生成能够表达情感的角色。在多镜头方面，Sora 能够在视频中创建多个镜头，并能确保在不同镜头下角色和视频风格始终保持一致。这种能力对需要多视角展示的电影、动画等内容的创作具有重要价值。

### 3. 物理世界模拟能力

在物理世界模拟方面，Sora 能够模拟现实世界的场景以及人与动物的行为。这种模拟能力不依赖 3D 建模来实现，而通过模型的尺度扩展来实现。

Sora 的出现，有望给视频制作领域带来革命性变革。在电影、短视频创作方面，制片人和创作者可以借助 Sora 生成视频，节省拍摄与后期制作的成本；在广告营销方面，企业可以借助 Sora 打造多样化的广告视频，提升营销效率；在教育培训方面，老师可以借助 Sora 生成教学视频，使课堂更加生动有趣。随着相关技术的发展，Sora 有望实现更广泛的落地应用，为视频内容带来更多可能性。

# 第三节
# AIGC 三大核心能力

AIGC 具有内容生成、智能翻译、智能搜索三大能力，能够为各种工具软件和用户创作赋能，给用户带来多样化的智能创作体验。

## 内容生成：多类型内容智能生成

AIGC 能够实现多种类型内容的智能生成，主要体现在以下几个方面。

### 1. 文本生成

AIGC 能够根据用户需求完成各种文本生成任务，如营销文案创作、文章撰写、小说续写等。基于这一能力，AIGC 能够帮助用户完成一些基础的文字整理与生成工作。例如，在小说创作过程中，用户可以借助 AIGC 生成小说大纲，根据 AIGC 提供的素材优化创意，借助 AIGC 进行小说内容排版与校对等。当前，Word、WPS 等都上线了 AI 智能写作功能，为用户的办公、创作赋能。

## 2. 图像生成

AIGC 能够根据用户输入的关键词和要求生成符合其需求的图像，或者对现有图像进行修改或优化。基于这种能力，AIGC 能够为用户创作设计图、海报、绘画作品等提供助力。

在这方面，百度推出了一款图像生成 AIGC 应用“文心一格”，为用户提供辅助。它能够根据用户的创作需求，生成内容丰富的绘画作品，还能够将绘画作品转换成卡通、油画等多种风格。同时，文心一格还具有海报创作、图片扩展等功能，能够满足用户的多样化需求。

## 3. 音频生成

AIGC 能够实现语音生成、音效生成、旋律及音乐生成等，能够应用于视频解说、新闻播报、游戏音效制作、音乐创作等场景中。AIGC 降低了音频创作的难度，为用户带来了更加智能的创作工具。

在这方面，Meta[1] 发布了 AIGC 音频生成工具 AudioCraft，为用户的音频创作赋能。基于底层模型的支持，AudioCraft 能够模拟动物叫声、脚步声等音效，生成拟真的音频，也能够根据文本生成音乐。同时，基于高保真的音频编解码器，AudioCraft 能够输出高质量的音频。

---

[1] 原名 Facebook。——编者注

### 4. 视频生成

AIGC 能够基于用户输入的文本、图像、视频等数据，生成符合用户需求的、高保真的视频。例如，基于用户输入的文本要求和图片素材，AIGC 能够生成相应的营销视频；根据用户输入的视频素材，AIGC 能够进行智能剪辑、特效生成等。目前，这一能力已经在游戏、工业设计等领域实现应用。

同时，AIGC 还能够提升视频的分辨率和质量，将低分辨率视频转为高清视频。这一功能在影片修复方面具有重要价值。

## 智能翻译：多语言翻译轻松实现

AIGC 具有强大的智能翻译能力，能够实现对多语言的准确翻译，提升用户体验。具体而言，AIGC 在翻译方面的优势主要体现在以下几个方面，如图 1–4 所示。

### 1. 翻译高度准确

基于先进的深度学习模型和算法，AIGC 能够识别不同语言的语义及文化特征，实现高准确度的翻译。同时，AIGC 还能够提供多样化的翻译结果供用户选择。

### 2. 多语言适应性

AIGC 具备多语言适应性，能够实现中文、英语、西班牙

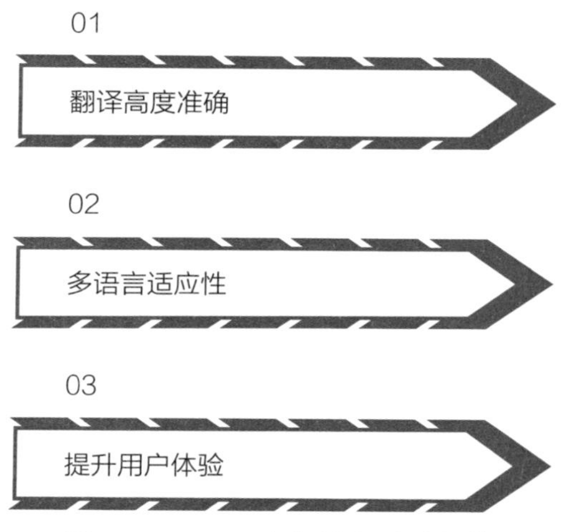


图 1-4　AIGC 在翻译方面的优势

语等多种语种之间的翻译，根据不同的语言环境给出准确的翻译结果。这为跨国商务、跨国旅行等场景中的语言沟通提供了便利。

### 3. 提升用户体验

除了精准的翻译，AIGC 还能够从操作方面给用户带来更好的体验。例如，用户能够通过文本上传、语音输入、图片上传等多种方式享受智能翻译服务，操作十分便捷。

AIGC 智能翻译有丰富的应用场景。在企业跨国合作中，AIGC 智能翻译能够应用于会议、商务谈判等场景中；在旅游行业中，AIGC 智能翻译能够实现地图、菜单等内容的翻译，为游客提供语言沟通支持；在法律、医疗等行业中，AIGC 智能翻译能够应用于法律条文、医学报告等内容的翻译，为相关研究助力。

随着 AIGC 技术的发展，AIGC 智能翻译将在更多场景落地，在促进全球交流方面发挥积极作用。

## 智能搜索：搜索引擎融入生成功能

AIGC 给传统搜索方式带来变革，催生具有生成功能的智能搜索出现。这将提升用户的搜索体验，深刻影响搜索领域企业的发展。

传统搜索方式虽然能够实现信息搜索，但存在一些缺陷。一方面，搜索引擎无法深度了解用户搜索的意图，无法给出精确的搜索结果。另一方面，用户通过搜索得到的文本、图片、视频等内容混杂，需要耗费时间对各种形式的内容进行筛选与整理，最终才能得到有效信息。这无疑增加了用户的搜索成本。

与之相比，AIGC 智能搜索更加便捷。AIGC 能够基于用户输入的内容准确理解其意图，给出准确的结果。同时，AIGC 具备对海量信息的整合、提炼能力，对于用户输入的问题，AIGC 能够基于对相关内容的整理和提炼生成新的内容，使内容更加符合用户的要求。

在 AIGC 智能搜索方面，谷歌在旗下 Chrome 浏览器的搜索结果页面中加入了“搜索生成体验”功能，探索生成式搜索。在该功能的支持下，当用户询问某个地方怎么样时，搜索结果会呈现对该地的描述、相关攻略以及相关用户评论，内容十分丰富。

总之，在AIGC智能搜索的支持下，用户搜索到的内容不再是搜索引擎根据关键词匹配的内容，而是根据相关内容生成的新内容，有效提升了搜索结果的精准性。

# 第四节
# AIGC 引发多重变革

AIGC 时代的到来引发了多重变革。具体来看，AIGC 能够作为新型创作工具，带来内容创作方式的变革。AIGC 与各种应用软件的结合将带来多样化的智能工具，驱动各企业的数智化变革。此外，AIGC 将为各行业中企业的发展开辟新蓝海，驱动企业业绩增长。

## 引发内容创作方式变革，智能化创作

AIGC 为内容创作提供了一种智能化的方式，给内容生产领域带来巨大变革。这主要体现在以下几个方面。

首先，在内容生产方面，AIGC 能够作为功能强大的生产力工具，完成信息挖掘、编辑整理、内容生成等工作，使生产路径不断优化。当前，AIGC 在文本创作、图像创作、视频创作等数字内容生产的各个领域已经实现了应用，正在逐步改变这些领域的生产方式。

同时，通过对大量数据的整理、学习与价值再造，AIGC 能够打破创作者的固有思维模式，为其带来新的创作灵感，从而使其创作出更加优质的作品。

其次，在效率提升方面，AIGC 在数字内容生产方面的效率远超人类，极大地提升了数字内容生成效率。创作者可以将搜寻素材等重复性工作交给 AIGC 完成，将更多的时间和精力投入到内容打磨、创意设计等具有挑战性的工作中，提升艺术创作的效能。在创作中，AIGC 的助力能使创作者降低资金的投入，节省创作成本。

最后，AIGC 能够为虚拟内容的制作提供支持，助力用户打造虚拟世界。例如，在影视制作中，用户可以基于 AIGC 搭建出拟真的虚拟场景，提升虚拟场景创作效率；在游戏场景中，游戏开发者可以基于 AIGC 自定义创建游戏场景、剧情、角色等，甚至玩家也能够参与到游戏内容生成过程中，成为游戏的主导者。

未来，在 AIGC 的赋能下，内容创作领域将迎来爆发式增长，智能化创作将会普及。这有助于营造全新的创作环境，人人成为创作者将成为可能。

## 提供智能工具，驱动企业数智化变革

AIGC 与应用软件结合是其落地应用的一个重要路径，能够展现其巨大潜力。随着 AIGC 的发展，各种应用软件融合 AIGC 将成为一大趋势。而在智能化工具的加持下，企业数智化变革的进程将进一步加快。

2023 年 3 月，微软旗下接入 GPT-4 模型的 Microsoft 365 Copilot 办公套件上线，Word、Excel、PowerPoint 等办公应用都具备了 AI 协同能力，能够高效完成各种办公任务。

例如，基于 Microsoft 365 Copilot 的支持，各种办公应用都具备了内容智能生成能力，能够帮助用户进行数据整理、基于用户需求生成内容等。同时，用户还可以将 Microsoft 365 Copilot 视作 AI 助手，对其进行提问，用户就可以得到相应的内容。

AIGC 与各种工具结合，能够帮助企业解决诸多问题。一方面，虽然很多企业都引入了 ERP（Enterprise Resource Planning，企业资源计划）、OA（Office Automation，办公自动化）等数字化工具，但仍然有很多烦琐的工作需要人工处理，占用员工很多时间，致使员工的工作效率低下。而 AIGC 能够有效提升各种工具的智能性，让员工从烦琐事务中解放出来，并投入到更有价值的工作中去。

另一方面，集成了大模型的 AIGC 工具，能够大幅降低软件开发的门槛。传统的软件开发需要开发者具备专业的编程技能，非专业人士无法进行软件开发。而 AIGC 能够生成符合规范的高质量代码，减少开发者的工作量，同时又能降低软件开发的门槛。开发者只需要给出指令或描述需求，AIGC 就能够实现代码自动生成。

AIGC 与众多数字化工具的结合极大地提升了企业的数智化程度。办公工具的智能办公能力增强，使更多工作与业务都能够高效地通过这些工具来完成，而且极大地简化了以往需要多人协作的复杂工作流程，从而大幅提升了办公效率。未来，能够实现多模态内容输出的办公应用将会出现，从而进一步提升企业办公、业务运转的智能性。

## 开辟新蓝海，打开企业增长新空间

AIGC 的爆发为许多行业的发展带来了新的机遇，也为企业增长打开了新空间。AIGC 拥有强大的创造能力，未来数字化世界中的万物都有望通过 AIGC 来生成。

当前，AIGC 技术在许多行业都有广阔的应用前景。从应用特点来看，AIGC 应用集中在数字化程度高、内容需求旺盛的行业，如传媒行业、制造行业等。通用大模型、垂直化大模型以及文本生成、图像生成等各类 AIGC 应用不断涌现，为行业发展注入了新的活力。

AIGC 热潮将为各企业带来多样化的发展机会。一方面，AIGC 将广泛融入企业管理各环节、各业务中，推动企业的数智化转型，为企业带来新的转型契机。另一方面，通过布局大模型的研发与应用，企业能够打造大模型生态，以大模型为中心打造多种 AIGC 应用，推动 AIGC 的商业化进程。此外，大模型技术的开源以及在更多行业中的应用，将催生多样化的行业解决方案，给企业以及整个行业带来全新的发展红利。

在 AIGC 热潮下，企业需要明确自身处于产业链中的哪个环节，找准自身定位，明确适合自己的发展道路。例如，大模型训练成本高昂，拥有技术优势、资金雄厚的大企业或行业内头部企业才有实力进行相关布局。而中小企业可以基于开源大模型，结合自己的需求打造垂直化的行业应用，赋能垂直场景与用户。

# 第二章

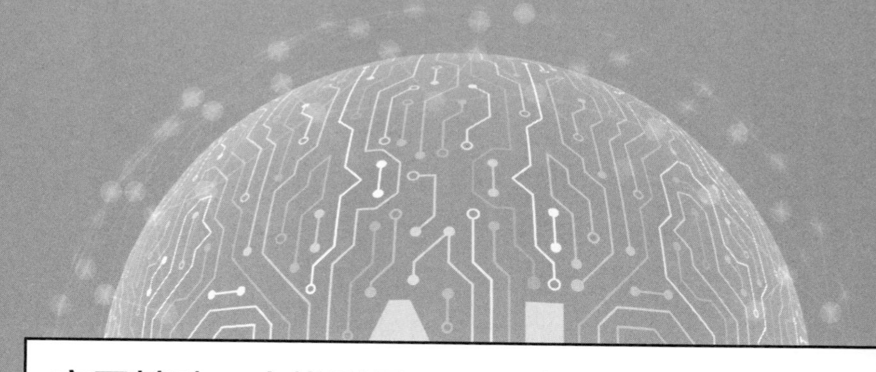

# 底层基础：大模型是 AIGC 能力之源

CHAPTER 2

基于海量的数据训练，大模型具有强大的通用能力。在此基础上进行 AIGC 应用开发，开发者只需要对大模型进行微调，针对特定领域数据进行二次训练，就能轻松应对多个场景的任务需求。大模型能够为 AIGC 的广泛应用提供底层模型支持，随着大模型不断深入发展，多模态开源大模型纷纷涌现，AIGC 得以在多样化的场景中实现落地，为各行各业带来前所未有的创新与发展机遇。

# 第一节
# 大模型要点拆解

随着深度学习技术的快速发展，其在自然语言处理方面取得了显著的成就。Transformer 是一种主流的深度学习模型，在并行计算、运行性能等方面具有显著的优势，能够为大模型的搭建提供底层模型支撑。基于 Transformer 模型，大模型主要通过预训练与微调相结合的方式来实现具体应用。

## Transformer 模型提供底层模型支持

大模型的搭建需要在底层模型的基础上进行。以往，循环神经网络[1]、卷积神经网络[2]等神经网络模型十分受欢迎，而

---

[1] 循环神经网络（Recurrent Neural Network, RNN）是一类以序列（sequence）数据为输入，在序列的演进方向进行递归（recursion）且所有节点（循环单元）按链式连接的递归神经网络（recursive neural network）。——编者注

[2] 卷积神经网络（Convolutional Neural Networks, CNN）是一类包含卷积计算且具有深度结构的前馈神经网络（Feedforward Neural Networks），是深度学习（deep learning）的代表算法之一。——编者注

在 Transformer 模型兴起后，其性能更优，因此也更受青睐。

作为一种采用自注意力机制的深度学习模型，Transformer 模型可以提升语言模型的运行效率，更好地捕捉长距离依赖关系[1]，使深度学习模型的参数进一步增加。Transformer 模型是大语言模型的核心组件，能够应用于多种自然语言处理任务。

Transformer 模型加速了大模型的发展。Transformer 模型架构灵活，具有很强的可扩展性，可以根据任务和数据集规模的不同，搭建不同规模的模型，提升模型性能，为大模型的开发奠定了基础。同时，Transformer 模型还具有很强的并行化能力，能够处理大规模数据集。

在大规模数据集和计算资源的支持下，用户可以基于 Transformer 模型设计并训练参数上亿的大模型。基于 Transformer 模型训练大模型成为大模型开发的主流模式。

OpenAI 推出的 GPT 系列模型，就是基于 Transformer 模型的生成式预训练模型。ChatGPT 基于 Transformer 模型进行序列建模和训练，能够根据前文内容和当前输入内容，生成符合逻辑和语法的结果。

Transformer 模型包括编码器、解码器两个模块，能够模拟人类大脑理解语言、输出语言的过程。其中，编码指的是将语

[1] 长距离依赖关系是指在语言模型中，当你想使用较早时间步的信息并有效利用它们产生预测时，你需要和较长路程前的信息建立一种依赖关系。——编者注

言转化成大脑能够理解和记忆的内容，解码指的是将大脑所想的内容表达出来。虽然 ChatGPT 使用了 Transformer 模型，但只使用了解码器的部分，目的是在完成生成式任务的基础上，减少模型的参数量和计算量，提高模型的效率。

从内容生成模式来看，ChatGPT 不会一次性生成所有内容，而是逐字逐词生成，在生成每个字、每个词时，都会结合上文。这使得 ChatGPT 生成的内容更有逻辑性，也更有针对性。

此外，ChatGPT 对 Transformer 模型进行了一系列优化，例如，采用多头注意力机制，使得模型能够同时学习不同特征空间的表示，提高了模型性能和泛化能力；在网络层中采用归一化操作，加速收敛和优化网络参数；添加位置编码，为不同位置的词汇建立唯一的词向量表示，提高了模型的位置信息识别能力。

通过以上优化，ChatGPT 在对话生成方面展现出较好的应用效果和巨大的应用价值。例如，在单轮对话生成中，ChatGPT 能够根据用户的提问，快速生成合适的回复内容；在多轮对话生成中，ChatGPT 可以通过上下文理解和推断，更好地生成对话内容，提高了交互的效果和效率。

总体来看，Transformer 模型在机器翻译、文本生成、智能问答、模型训练速度方面，均优于之前的模型。而基于 Transformer 模型的 GPT 系列模型，也具有强大的应用能力和性能。

## 通过“预训练+微调”实现应用

大模型从诞生到应用，包括预训练与微调两个关键环节。预训练是指模型基于海量数据进行训练，以具备良好的通用能力。而微调则是模型针对特定场景、特定任务进行调整，以实现更好的落地应用。

其中，预训练是模型学习的初始阶段。在预训练期间，模型会基于各种数据，如书籍、文章、图片等进行预训练。通过预训练，模型能够学习通用的知识。这一阶段的训练往往不针对任何具体的任务。预训练通常会通过无监督学习的方式来进行，即模型在没有明确指导的情况下基于海量数据进行训练。

微调是针对特定任务进一步训练预训练模型的过程。在微调过程中，预训练模型基于特定数据集进行进一步的训练，以掌握特定能力，满足具体的任务要求。例如，微调能够使自然语言预训练模型在文本生成、翻译、问答等任务方面表现得更加出色。

微调通常分为两种方式。一种方式是通过特定领域的标记数据对模型进行微调；另一种是基于人类反馈的强化学习对模型进行微调。后者是一种更为复杂、耗时的微调方法，但能够取得更好的微调效果。

预训练模型具有诸多优势。一方面，预训练模型能够减少数据要求。对于一些可用数据有限的任务，预训练模型能够凭借通用知识的训练与学习提高性能。另一方面，由于预训练模型已经在大量通用数据中进行了预训练，因此针对特定任务的训练时间得以大幅缩短，提高了训练效率。此外，预训练模型还能够将已经学到的知识迁移到其他任务中，来提高任务处理效率。

总之，通过预训练与微调的学习方式，大模型能够基于全面、专业的数据知识，形成高效、专业的生成能力，从而更好地适应各种各样的任务。

# 第二节 核心要素：数据 + 算力 + 算法

数据、算力、算法是大模型的三大核心要素。其中，数据为大模型预训练提供基础资源；算法为大模型提供运行机制；算力为大模型提供高性能计算支持。

## 数据是大模型预训练与微调的基础资源

大模型的预训练与微调都离不开海量数据的支持，数据为大模型提供基础资源。大模型基于海量、内容丰富的数据进行预训练，同时需要借助专业的特定领域数据进行微调。

为了获得大规模、高质量的数据集，企业需要从不同的领域和不同的数据源收集数据。当前，很多大模型在训练过程中充分利用文本、图像、语音等多种形式的公开数据，但大模型的发展需要更多数据的支持。这就要求企业在大模型中接入更多优质私有数据源，以在大模型数据支撑方面获得差异性优势。

在数据来源方面，合成数据是一种不错的解决方案。合成数据指的是基于计算机模拟技术生成的虚拟数据。其基于真实数据而产生，能够反映真实的数据信息。合成数据可以在一定程度上缓解数据短缺的问题，为大模型的预训练、微调等提供更多数据。

当前，合成数据已经在自动驾驶、机器人等领域实现了应用。以自动驾驶为例，大模型在训练过程中需要海量的与自动驾驶相关的数据进行训练，但获取真实的路况数据较为困难。在这种情况下，大模型就可以通过合成数据模拟不同的驾驶场景，来进行精准训练。

大模型除了需要高质量、大规模的数据集的支持，还需要数据处理服务的支持，如数据清洗、数据标注等。不同行业、不同场景对数据标注的要求不同，而高质量的数据集可以提高数据标注的质量。

此外，在使用数据的过程中，企业需要保证数据安全，避免数据泄露。大模型的数据源除了公开数据、合成数据，还包括合作企业数据、用户互动数据等，这些数据也是大模型训练的语料基础。在掌握诸多隐私数据的情况下，企业需要做好数据安全防护，在输出内容的过程中保证数据安全。

## 算法生成大模型运行机制

大模型需要具备学习与表达能力，从海量数据中挖掘有价值的信息，而算法能够捕捉到数据中的潜在规律，进而实现模型优化。算法是大模型实现高效学习与预测的核心要素。

从发展历程来看，算法模型的发展经历了以下四个阶段，如图 2–1 所示。

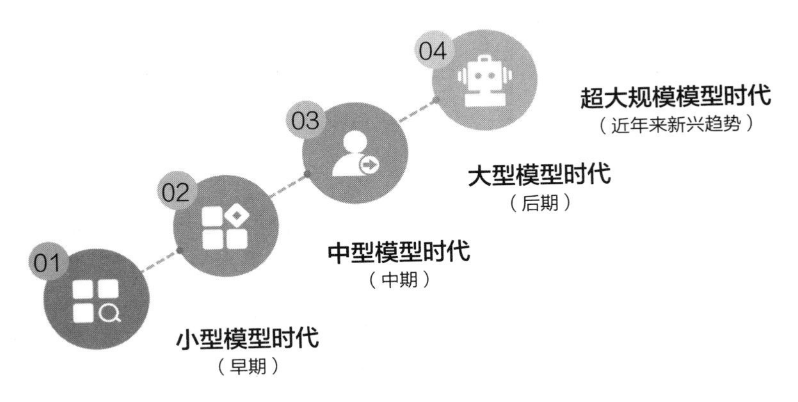


图 2–1　算法模型的发展历程

## 1. 小型模型时代（早期）

在 AI 发展的早期阶段，模型相对较小，通常包含几千到几十万个参数。这一时期的模型受限于计算资源和数据量，结构较为简单，如基于规则的系统、决策树、朴素贝叶斯[1]等。这些模型能够用于处理特定任务，但泛化能力和处理复杂问题的能力非常有限。

---

[1] 贝叶斯方法是以贝叶斯原理为基础，使用概率统计的知识对样本数据集进行分类。——编者注

### 2. 中型模型时代（中期）

随着计算能力的提升和数据集的扩大，模型规模增长，进入到百万到几亿个参数量级的中型模型时代。在这一时期，深度学习技术兴起，特别是在计算机视觉和语音识别等领域，出现了 AlexNet、VGG、ResNet 等深度神经网络模型。这些模型通过多层非线性变换，能够捕捉更复杂的特征表示，性能有了显著的提升。尽管相对于后来的大模型，它们仍属于中等规模，但在当时推动 AI 技术也实现了突破性发展。

### 3. 大型模型时代（后期）

近年来，随着硬件（如GPU、TPU[1]）的发展加速、分布式训练技术日益成熟以及海量数据的积累，AI 模型进入了大型化阶段。在这一时期，AI 模型参数量达到十亿甚至千亿级别，如 Transformer 架构下的 GPT 系列模型、BERT、Turing-NLG、Gopher、Chinchilla 等。

这些大语言模型不仅在自然语言处理任务上取得突破性成果，而且还展现出跨领域的通用智能潜力，能够完成问答、文本生成、代码编写等多种任务。此外，其他领域的大型模型，如视觉-语言模型 DALL-E、CLIP 等也不断涌现。

[1] 热塑性聚氨酯弹性体，又称热塑性聚氨酯橡胶，简称 TPU。——编者注

### 4. 超大规模模型时代（近年来新兴趋势）

当前，出现了诸如 GPT-4、PaLM、BLOOM 等参数量超过几千亿甚至上万亿的超大规模模型。这些模型不仅在规模上进一步扩大，而且在训练数据、计算效率、模型结构等方面都进行了创新，具有更强大的性能和更广泛的适用性。它们在多项基准测试中打破纪录，展现出了更强的语言理解、逻辑推理、创造性思维等能力，并在实际应用中对传统行业产生了深远影响。

## 算力为大模型提供高性能计算支持

在大模型运行过程中，庞大的参数量、复杂的计算任务等都需要强大算力的支持。高性能计算为大模型快速输出内容提供动力，这体现在模型训练与模型推理等过程中。

在模型训练过程中，高性能计算能够大幅提升模型训练的速度。模型训练过程中需要处理大量的数据和参数，而高性能计算能够通过并行计算、分布式计算等，加速训练过程。如果没有高性能计算的支持，那么训练过程将十分缓慢，甚至难以完成。

在模型推理过程中，高性能计算能够提高模型的响应速度及并发处理能力。大模型需要对输入的文本进行处理，而高性能计算能够提供更快的计算速度，提升大模型的并发处理能力。如果没有高性能计算的支持，那么大模型的响应速度就会降低，并发处理能力也会受限。

大模型的出现将人工智能推向新的高度，各大企业纷纷入局大模型赛道，随之而来的是算力需求的爆发式增长。庞大的算力需求，需要成熟、稳定的高性能计算解决方案的支持。

2023 年 4 月，腾讯云发布了新一代高性能计算集群。该集群采用腾讯云自主研发的服务器，搭载英伟达高性能处理器 H800 GPU（Graphics Processing Unit，图形处理单元），为大模型训练、计算等提供高性能、高带宽、低延迟的算力支持。

腾讯云提供的数据显示，在腾讯旗下“混元”大模型训练过程中，基于上一代高性能计算集群，数据训练时间为 11 天。而在新一代高性能计算集群的支持下，同等数据集的训练时间缩短至 4 天。

通过对处理器、网络架构、存储性能等方面进行优化，腾讯云解决了大集群场景下算力损耗的问题，能够为大模型提供高性能的智能算力支撑。

在网络层面，计算节点间将实现海量的数据交互，通信性能对大模型训练效率具有重要影响。而腾讯云自主研发的星脉网络，具有 3.2T 超大通信带宽，突破了业界的通信带宽上限。测试结果表明，相较于前代网络，星脉网络能够让集群整体算力提升 20%，使超大算力集群能够保持优秀的吞吐性能。

在存储层面，大量计算节点同时读取数据集需要尽量缩短加载时长。而腾讯云自主研发的文件存储、对象存储架构，具备 TB（Terabyte，太字节）级吞吐能力和千万级 IOPS（Input/Output Operations Per Second，每秒的读写次数），能够满足大模型训练的大数据存储要求。

在底层架构层面，新一代高性能计算集群集成了 TACO Train 训练加速引擎，能够对通信策略、模型编译等进行优化，大幅节约算力成本。

未来，新一代高性能计算集群不仅能够更好地为大模型训练提供算力支持，还能够在自动驾驶、自然语言处理等多个场景中得到应用。

# 第三节
# 大模型发展三大趋势

在海量数据、强大算力和算法的支持下，大模型实现了更好的发展，主要呈现三大发展趋势：通用大模型与垂直大模型协同发展；从单模态走向多模态；从封闭走向开源。

## 通用与垂直：两种大模型形态携手发展

从形态上来看，大模型可以分为通用大模型与垂直大模型两种。两者各有特点，呈现协同发展的趋势。

通用大模型指的是能够完成多种任务、应用于多个领域的大模型。基于在资金、人才等方面的优势，很多互联网大厂将通用大模型作为自己研发大模型的方向。一方面，通用大模型的适用性较广，有助于奠定企业 AIGC 时代领路人的身份；另一方面，瞄准通用大模型有利于将大模型与自身产品相结合，来提升产品的智能性。

2023 年 4 月，阿里巴巴推出通用大模型“通义千问”。该模型具有多轮对话、文案创作等功能，且具有逻辑推理能力，能够完成多样化的内容生成任务。未来，阿里巴巴旗下所有产品都将接入通义千问，实现产品的智能化升级。

当前，阿里巴巴旗下产品钉钉已经接入通义千问大模型，实现了多方面的智能化，主要体现在以下四个方面。

（1）群聊。在通义千问大模型的赋能下，钉钉可以为用户整理群聊主要内容，帮助用户了解上下文，还可以一键生成待办事项，为用户提供便捷的办公体验。

（2）文档。钉钉具备图文生成功能，为用户整理文档提供便利。例如，用户写完一篇新闻稿件后，钉钉可以根据稿件内容自动配图，也可以根据用户的要求生成海报，节省用户寻找素材与设计海报的时间。

（3）视频会议。在视频会议中，钉钉能够根据发言人的发言，总结其主要观点，便于参加会议的人员了解会议的主要内容，提高视频会议的效率。

（4）应用开发。钉钉具备应用开发的功能。如果用户需要开发一个小程序，只需要在钉钉中输入需求，便可以得到一个相应的小程序。

除了赋能旗下产品，通义千问大模型将在未来推出插件功能，支持开发者借助大模型进行个性化应用开发。

垂直大模型指的是针对某一领域训练而成的大模型，如聚焦教育领域的大模型、聚焦金融领域的大模型等。垂直大模型适用于聚焦细分领域并在细分领域有竞争优势的企业。这类企业可以利用自己在行业内深耕多年的经验和数据，提供精准的解决方案，更好地满足用户在某个场景下的需求。

企业可以以通用大模型为基础模型，通过指令微调训练出面向某一领域的垂直大模型。垂直大模型的参数量级一般比通用大模型低，但具有更强的专业性，能够在细分领域发挥更好的作用。

当前，越来越多的企业加入垂直大模型赛道。2023 年 5 月，好未来公布了大模型研发进度，表示正在研发一款名为 MathGPT 的数学大模型。该大模型以数学解题和讲题算法为核心，面向所有数学爱好者和研究机构。

好未来于 2023 年春节前启动了 MathGPT 数学大模型研发工作，截至 2023 年 5 月，已经取得了阶段性成果。好未来还成立一支海外团队，招募全球范围内的人工智能专家。

相比而言，通用大模型能够适用于多种多样的应用场景，但在某一特定领域，通用大模型的表现可能不如垂直大模型。垂直大模型聚焦特定领域，具有更强的专业性，但使用场景与受众较少。

## 多模态化：多模态通用大模型成为主流

以往，受限于单模态技术，大模型只能实现特定类型数据的输入与输出，无法实现多类型数据间的交互。而随着多模态技术的发展，能够处理文本、图像、语音等多模态数据的多模态大模型已经涌现，大模型的通用能力大幅提升。如今，多模态通用大模型成为大模型发展的主流趋势。

多模态通用大模型能够处理文本、图像、视频等多种类型的数据，为用户提供全面的信息。它能够分析文本、图像、视频等多种数据中的信息，并提供更加深入的理解与洞察，同时还能够根据用户要求生成多模态的内容。

其多模态生成能力不仅体现在文本到图像、图像到文本等方面的生成上，还能够实现多模态内容的转换与生成，如文本、图像、音频、视频间的内容转换与生成。这在音视频处理、多媒体创作方面具有重要应用价值。

基于强大的多类型处理与生成能力，多模态通用大模型的应用十分广泛。在自然语言处理方面，多模态通用大模型能够完成机器翻译、情感分析等任务；在计算机视觉方面，多模态通用大模型能够完成人脸识别、目标检测等任务；在语音识别与生成方面，多模态通用大模型能够完成语音合成、语音转文本等任务。

当前，在多模态生成方面，许多企业已经进行了探索，并公布了初步成果。例如，上海人工智能实验室联合清华大学、商汤科技等多家高校和企业，共同发布了多模态生成模型 MM–Interleaved。其具有精准理解图像细节和语义的能力，支持图文穿插的图文输入与输出。具体而言，MM–Interleaved 具有以下三大能力，如图 2–2 所示。

### 1. 理解复杂多模态上下文

MM–Interleaved 能够根据图文上下文推理生成符合要求的

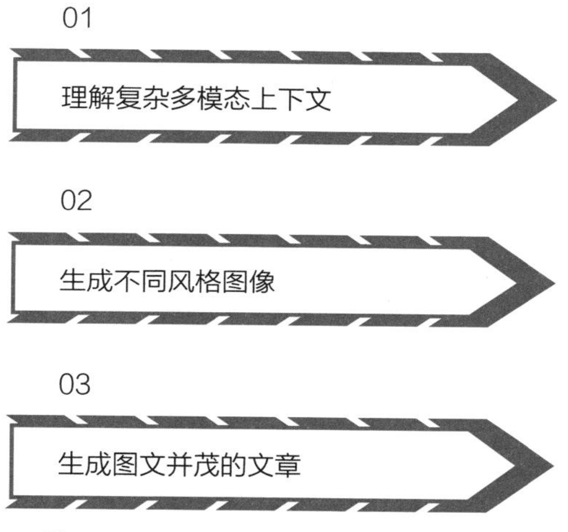


图 2-2　MM-Interleaved 的三大能力

内容，如计算图文数学题、根据商标（Logo）图像给出对应的公司介绍等。

### 2. 生成不同风格图像

MM-Interleaved 能够完成复杂的图像生成任务，如根据用户的描述生成相应的图像，根据用户指定的风格生成图像等。

### 3. 生成图文并茂的文章

MM-Interleaved 能够通过多种方式生成文章，如根据用户提出的开头进行自动续写、生成图文并茂的美食教程，根据图片生成故事等。

MM-Interleaved 在多模态理解任务中表现卓越，展现出独特的优势。经过进一步的微调与优化，该模型在视觉问答、图像描述、图生图以及视觉故事生成等多个细分任务中均有亮眼的表现。

基于强大的多模态能力，MM-Interleaved 能够实现多模态内容的输入与输出，具备多场景通用能力。未来，随着技术的进步和企业探索的深入，多模态通用大模型将迎来更大的发展。

## 开源：大模型发展走向开源

当前，大模型开源已经成为趋势。2023 年 7 月，Meta 公司（原名 Facebook）发布了开源大模型 LLaMA 2；2024 年 3 月，埃隆·马斯克旗下人工智能公司 xAI 发布开源大模型 Grok-1，将 Grok-1 的架构在软件托管平台 GitHub 上开源。大模型开源成为企业布局大模型的重要策略。

为什么越来越多的企业选择开源大模型？这主要出于以下三个原因，如图 2-3 所示。

### 1. 防止垄断

从 AIGC 产业发展的角度来看，大模型开源可以防止大型企业垄断大模型技术，以开源、协作的方式促进 AIGC 产业更好的发展。

大模型开发对数据收集、算力支持、资金投入等方面有

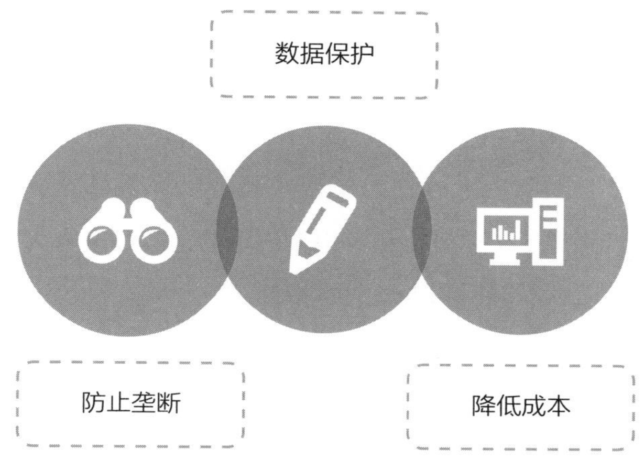


图 2-3　大模型开源的三大原因

很高的要求，这意味着只有资金充足、在数据和技术方面有优势的企业才能研发大模型，这容易引发大型企业垄断大模型技术这一问题。而大模型开源可以让各行各业的企业参与大模型研发，携手推动大模型乃至整个 AIGC 产业的发展。同时，开源的方式能够减少重复性工作，让各大企业能够集中精力探索大模型的研发和应用。

## 2. 数据保护

从数据保护的角度来看，大模型开源可以保护企业隐私数据，使定制化数据训练成为可能。对于很多企业而言，数据是其主要的竞争壁垒。大模型开源使企业可以在掌握数据所有权、实现数据保护的基础上，将自己的隐私数据用于大模型训练。在进行定制化数据训练时，开源大模型可以过滤掉无法满足训练需求的数据，降低模型训练的成本。

### 3. 降低成本

从算力的角度来看，大模型开源可以降低算力成本，推动大模型的普及。在研发和应用大模型的过程中，算力消耗主要包括训练成本消耗和推理成本消耗。

在训练成本方面，大模型的训练成本很高，很多企业难以承受，而开源大模型节省了企业在大模型预训练方面的成本支出。在推理成本方面，大模型的参数体量越大，推理成本就越高，而借助开源大模型打造聚焦细分任务的垂直大模型，可以减小参数体量，减少企业使用大模型时的推理成本。

当前，大模型开源已经成为趋势，不少企业都积极进行大模型开源的探索。其中，AI 公司 Stability AI 是大模型开源领域的先锋。2022 年 8 月，Stability AI 推出了开源的 AI 绘画模型 Stable Diffusion，支持用户生成不同风格的绘画作品。

2023 年 4 月，Stability AI 推出了全新的开源 AI 绘画模型 DeepFloyd IF。相较于 Stable Diffusion，DeepFloyd IF 模型的优势更加明显。首先，它可以精准绘制文字，给招牌中的文字设计合适的风格、排版等；其次，它可以理解空间关系，根据文字描述中的方位、距离等信息生成有逻辑、合理的场景。此外，基于进一步的细节调整，它还可以对现有图像进行修改。

Stability AI 还推出了开源大语言模型 Stable LM，用户可以在开源社区 GitHub 中体验这一模型。Stability AI 表示，将在大模型领域持续深耕，并推出新的大模型产品。

大模型有望成为推动数字经济发展、各行业变革的基础设施。大模型的持续发展需要健康的生态，开源协作的方式可以搭建开放的生态，让更多企业可以参与到大模型的探索之中，推动大模型快速发展。

未来，在开源趋势下，更多企业将推出自己的开源大模型。而在不同开源大模型的竞争中，企业能够更好地提升自己的技术水平，推出能力更强的大模型，进而推动整个大模型行业获得良好发展。

# 第四节
# 应用拓展：多模态大模型实现多场景落地

当前，多模态大模型应用范围不断拓展，已经实现了在电力、金融、智慧交通、智慧城市、具身智能等多场景中的落地。下面对多模态大模型的应用场景进行详细讲解，并通过具体的案例来展现多模态大模型的应用价值。

## 电力场景：多模态大模型“祝融 2.0”落地

基于多模态大模型，传统的电力巡检系统能够具备逻辑推理、文字表达等能力，大幅提升电力巡检的效率，为电网安全运行筑牢一道有效的防线。

2023 年 9 月，南方电网深圳供电局（以下简称“深圳供电局”）上线了聚焦电力场景的多模态大模型——“祝融 2.0”，并实现了落地应用。在应用场景中，巡视人员能够基于智能的电力巡检系统进行外力破坏隐患巡检。电力巡检系统能够基于巡视人员的操作显示电力隐患画面，并针对不同的画面给出相应的文字描述。在该系统的支持下，巡视人员能够轻松、快速地完成巡检工作。

传统电力巡检系统基于电网 AI 技术运作，通过各种物体表征进行物体识别，难以区分相似的物体，也难以判断物体对电力基础设施的危害程度。对于系统筛选出的告警画面，巡视人员需要进一步分析画面的具体内容，明确这一告警信息是否有效。

而在祝融 2.0 的支持下，电力巡检系统变得更加智能。电力巡检系统能够以文字、图片两种形式显示告警信息，准确描述隐患及其对电力基础设施的危害程度，节省了人工排查环节，提升了告警的有效性。

当前，深圳供电局已经与云南电网达成了合作，组建创新联合体，推动祝融 2.0 在输变配、安监等方面的落地。同时，双方还将通过联合创新，研发出能够辨别声音的多模态大模型，为电力隐患排查工作增添新助力。

## 金融场景：蚂蚁金融大模型走向应用

2023 年 9 月，蚂蚁集团发布了蚂蚁金融大模型。该大模型在认知、生成等方面表现优秀，聚焦金融场景需求，提供专业金融服务。

金融知识具有很强的专业性，金融大模型需要确保专业知识与逻辑的严谨性，才能够真正实现落地应用。基于此，蚂蚁金融大模型在海量的通用语料的基础上，融入了大量金融知识，并从数百个真实金融场景中提取了丰富的高质量指令数据。这为大模型理解、学习金融知识，完成多样的金融任务奠定了基础。

在发展过程中，蚂蚁集团打造了完善的数字化金融工具矩阵。蚂蚁金融大模型可以与这些数字化金融工具相结合，为用户提供金融行情解读、理财选品、资产配置等智能服务。

基于蚂蚁金融大模型，蚂蚁集团发布了两款产品：智能金融助理“支小宝 2.0”和智能业务助手“支小助”。

其中，“支小宝 2.0”能够与用户进行流畅的对话，理解用户的意图，为用户提供行情分析、资产配置、投教陪伴等金融服务。“支小助”有投研专家版、理赔专家版、服务专家版等多个版本，全方位赋能金融从业人员，在投研分析、信息提取、商机洞察等方面为其提供智能服务。以投研专家版“支小助”为例，其能够辅助投研分析师高效完成研报和资讯的观点提取工作，并对大量金融事件进行推理与分析，提升投研分析师的工作效率。

当前，蚂蚁金融大模型已经在理财、保险等领域进行了应用测试。未来，蚂蚁集团将会在更多的金融业务场景中接入这一大模型，实现业务运作的智能化升级。

## 智慧交通：多模态交通大模型雏形已现

随着大模型的深入发展，在垂直领域深耕多年的企业、机构等，纷纷借助行业优势加入大模型赛道。在智慧交通领域，北京交通大学携手中国计算机学会智慧交通分会、足智多模公司等，发布并开源了我国首个综合交通大模型 TransGPT · 致远。

TransGPT · 致远基于海量的交通领域文本数据、对话数据等进行训练，具备强大的交通领域专业能力，能够接入各种公交、地图类应用。具体而言，TransGPT · 致远具有以下几种功能。

（1）交通安全教育。TransGPT · 致远可以生成安全驾驶建议、交通规则解释等交通安全教育材料。

（2）与智能出行助手结合。TransGPT · 致远能够与车辆中的智能出行助手结合，使智能出行助手理解复杂的对话，为驾驶者提供道路信息、天气预报等信息。同时，搭载该大模型的智能出行助手还能够自动回答车次、路线等公共交通问题，从而提升乘客体验。

（3）智能交通管理。TransGPT · 致远能够实时监测、分析车辆、信号灯等信息，为相关部门协调交通流量提供辅助，减少交通拥堵。

（4）智能交通规划。TransGPT · 致远能够分析人们对交通规划提案、交通政策等的反馈，为决策者提供更加全面的交通信息。

（5）交通事故分析。TransGPT · 致远能够对交通事故的原因、特征、类型等进行分析，并给出相应的解决方案，减少交通事故的发生。

总之，TransGPT・致远能够应用于诸多交通场景中，辅助交通决策，为人们提供多样的交通服务。未来，随着TransGPT・致远等交通领域多模态大模型在更多交通场景中的落地，交通出行的智能化程度将会进一步提升。

## 智慧城市：多模态大模型助力城市智慧治理

多模态大模型能够赋能城市智慧治理，推动智慧城市的建设。在这方面，专注于城市治理的多模态大模型已经出现。2023 年 4 月，城市数据智能服务提供商软通智慧推出了面向城市治理的多模态大模型产品——“孔明”大模型，以多种能力助力城市治理提效。

该模型具备强大的泛化能力，能够快速整合各行业的知识，为适应多种治理场景奠定了基础。同时，该模型具备强大的推理能力。通过分析有关数据，其能够自动生成治理事件，并将事件分类，从而协助城市治理部门制订相关方案，提高城市治理效率。

该模型还具备良好的工程化能力，能够准确理解用户的部署需求，降低用户操作难度，为隐私数据设置权限，为用户信息安全保驾护航。该模型搭载多个业务插件，如“城市慧眼”“一语通办”等，还搭载了庞大的行业知识库，为用户提供便捷、准确的业务信息查询、办理等服务，助力城市治理降本增效。

在环境治理领域，“孔明”大模型聚焦城市垃圾分类、河流污染治理等难题。在垃圾分类方面，“孔明”大模型依托深度学习能力，能够对各个城市的垃圾分类标准进行深度学习，协助城市治理部门做好垃圾分类科普宣传。一方面，该模型以通俗易懂的语言解释不可回收垃圾、可回收垃圾、厨余垃圾、有害垃圾的内涵，助力市民准确地进行垃圾分类；另一方面，该模型可以与电脑端、手机端软件相结合，加大垃圾分类相关信息的推送力度，在潜移默化中让市民树立垃圾分类意识。

“孔明”大模型能够推动垃圾自动分类器的进一步发展。基于大规模的数据训练，该模型能够更加精准地识别不同类别的垃圾，实现垃圾检测、垃圾批量分类；能够与地埋式垃圾箱结合，通过桶内传感器实时检测垃圾量，及时压缩、清理垃圾。此外，该模型也能够与垃圾桶外的传感器相连接，对垃圾桶周边的温度、湿度进行检测，做好危险预警，避免高温环境下垃圾自燃，从而提高垃圾分类工作的安全性和效率。

在河流污染治理方面，“孔明”大模型能够结合各类传感设备，对河流流量、pH 值、重金属、塑料等数据进行检测，能及时将数据整合并上传至云端。通过对数据的深度挖掘和学习，结合河流历史数据与周边环境数据，该模型能够准确判断造成河流污染的具体原因，并对其未来水质的变化趋势进行预测。基于相关数据分析结果，大模型能够提出针对性的治理方案。通过远程控制，其能够协助城市治理部门进行水体过滤系统安装、药剂投放等操作，有效治理河流污染，促进城市内部水循环。

在消防安全领域，“孔明”大模型能够针对不同用途的低、高层建筑，划分不同区域，结合各区域历史火灾情况、区域内生态环境以及近期气象状况等多方面信息，对建筑物火灾风险进行评估。针对城市出现频率较高的电气火灾，该模型能够通过对室内温度、电压、电流、漏电保护器使用情况等多种电力指标进行监测，对电气火灾相关性数据进行分析，及时发现火灾隐患，防患于未然。

在大模型的助力下，城市治理迎来了全新的变化。“孔明”大模型的不断创新，能够带动城市基础设施建设数智化发展。未来，“孔明”大模型将整合城市治理数据，在智慧停车、社区服务、安保巡查等方面发挥积极作用，促进城市治理降本增效，为城市发展提供新的动力。

## 具身智能：多模态大模型打造“智慧大脑”

当前的机器人执行用户指令的失误率较高，在理解指令、人机交互方面有很大的进步空间。原因就在于即便执行简单指令，机器人也需要克服许多困难，包括理解指令、分解任务、识别物体等，需要具备跨语言、视觉等多个模态的能力。

多模态大模型能够赋予机器人更加智慧的“大脑”，提升其处理指令、执行任务的能力。如今，机器人与多模态大模型结合已经成为具身智能领域的一个热门研究方向。

具身智能又称具身 AI，指的是一种软硬件结合的智能体，能够通过感知与交互进行实时互动，可以将其理解为各种不同形态的机器人。当前，拥有智能能力的机器人已经在工业生产、酒店服务等多种场景中落地，能够完成一些特定任务。

具身智能的发展与 AI 技术的发展密切相关，在 AIGC 时代，多模态大模型为具身智能的发展提供了新的解决方案。多模态大模型能够实现对文本、图像、视频等多种数据的综合训练，增强模型对现实中对象的理解，助力机器人完成人机交互、数据分析、推理等任务。

以应用于政务领域的政务机器人为例，多模态大模型与政务机器人的结合，将从多方面提升政务机器人的智能性。

首先，政务机器人能够提供全流程仿人模拟服务。政务机器人能够通过学习政务相关信息和服务流程，为用户提供政务信息查询、服务申请等服务。例如，政务机器人能够为用户提供全流程的业务办理流程指引服务，以及完成接待、自动讲解等工作。

其次，政务机器人能够实现多模态信息搜索与分析。政务机器人能够通过对用户行为、语言的分析，为用户提供个性化的服务。例如，其能够分析用户在政务网站、社交媒体中的留言，并根据问题给出个性化的回复。

再次，政务机器人能够提供决策支持。政务机器人能够对政务相关数据进行分析，为政府决策提供相关数据支持。例如，针对用户对某项政策的反应和意见，政务机器人能够对用户的相关言论和情感进行分析，并生成相关的分析报告和建议。

最后，政务机器人能够主动移动并与环境进行交互。其能够基于自动导航、视觉识别等技术，巡视政务大厅中的各个区域，及时处理各种需求。例如，当人们在某个窗口排队等待时，政务机器人就能够准确识别窗口的排队情况，并提醒工作人员处理问题。

传统机器人只拥有单一能力，而依托多模态大模型的具身智能机器人拥有理解、推理、与用户互动等多项能力，智能性大幅提升。除了政务场景，具身智能机器人还能够在医疗、金融等多种场景中实现应用。

当前，在多模态大模型赋能具身智能方面，谷歌旗下的 AI 研究机构 DeepMind 公布了一款机器人模型 RT-2。在该模型的支持下，机器人能够更好地理解自然语言，将自然语言转化成可执行的指令，并能顺畅地完成任务。

具体而言，基于 RT-2 的支持，机器人多方面的能力都得到了提升。在符号理解方面，基于 RT-2 的模型预训练能力和理解能力，即使机器人数据库中没有某样物体的资料，机器人也能够理解物体的外观特征，进而执行相关操作。

有了 RT-2 的支持，机器人能够具备数学推理、视觉推理等能力。例如，机器人能够执行数学推理相关的指令，或者通过视觉推理识别出目标物体。此外，机器人还能够对不同的人进行识别，并与之互动。

在 RT-2 的赋能下，机器人具备了多样的智能能力，能够更精准地执行各种操作。这为机器人智能化发展打开了新空间。

未来，在多模态大模型的支持下，机器人将具备更加丰富的多模态能力，能够通过文本、语音、手势等与用户交互，流畅地完成各种操作。基于此，机器人将实现全场景、全链条接入，提升各行业的效能与用户体验，并展现更大的商业价值。

## DeepMind：推出“足球智能体”

足球是一项对运动员要求较高的运动，需要运动员具备较强的身体素质和精湛的技术。要想使机器人成为足球运动员，就要解决其肢体不协调、动作僵硬的问题。

在这方面，谷歌旗下的 DeepMind 推出了一款可以踢足球的“足球智能体”——具身智能“足球运动员”。其能够快速奔跑、转身，完成过人、进攻、踢球等动作，还能预测足球移动的方向，阻挡对手射门。在比赛中，“足球智能体”能够将各种技能结合起来，灵活地进行各种动作。

深度强化学习技术能够解决模拟角色与机器人的运动控制问题。DeepMind 的研究团队通过深度强化学习训练对“足球智能体”进行训练，提升了其在足球运动中的敏捷性。训练流程包括两个阶段。在第一个阶段，研究团队对“足球智能体”的技能策略进行了训练。在第二个阶段，通过技能提炼，研究团队对“足球智能体”进行了自我博弈式的多智能体训练，以便其能够完成 1v1（一人对一人）的足球任务。

训练完成后，“足球智能体”掌握了行走、侧移、踢球等多种技能，并且能够将这些技能灵活地组合在一起。同时，“足球智能体”可以根据球场上的实际情况灵活采取一些新的策略，变得十分智能。例如，“足球智能体”能够对足球移动轨迹、对手的行为进行预测，灵活调整自身的动作，最终完成进攻。

在未来的研究中，研究团队的重点关注方向有两个。一个方向是对“多智能体足球”进行深入研究，训练由多个智能体组成的团队。另一个方向是“从原始视觉训练足球”，即“足球智能体”仅通过机载传感器进行学习，而不依赖于运动来捕捉系统的外部状态信息。随着研究团队的不断探索，“足球智能体”将在未来变得更加智能。

## 李飞飞团队：公布具身智能成果

2023 年 7 月，人工智能领域的知名团体李飞飞团队公布了其在具身智能方面的一项研究成果——智能系统 VoxPoser，即大模型接入机器人，将指令转化为具体行动。借助 VoxPoser，用户能够使用自然语言向机器人发出指令，而机器人在执行操作时无须进行额外的训练。

VoxPoser 的原理如下：在既定环境和给出的自然语言指令下，大语言模型会根据指令内容编写代码，生成的代码与视觉语言模型交互，进而指导系统生成相应的操作指示地图。地图中标记了“在哪里行动”和“如何行动”。此后，动作规划器将操作指示地图作为其目标函数，合成最终要执行的操作轨迹。

从这个过程中我们可以看到，VoxPoser 能够指导机器人与环境进行交互，解决机器人训练数据不足的问题。基于零样本能力，机器人能够执行更多的任务。

VoxPoser 还具有 4 个“涌现能力”（指的是在小型模型中不存在、在大型模型中突然出现的能力），这使得机器人更加智能。

（1）评估物理特性。例如，对于两个质量未知的物体，机器人能够借助工具进行物理实验，来评估哪个物体更重。

（2）行为常识推理。例如，在机器人完成摆放餐具任务的过程中，用户告诉它自己的用餐习惯，它就能够理解其含义，准确摆放餐具。

（3）细粒度校正。例如，在机器人执行给茶壶盖上盖子的任务时，告诉它的操作偏离了 1 厘米，机器人就能自动校正它的操作。

（4）基于视觉的多步操作。例如，由于缺乏对象模型、信息不足等，机器人无法完成将抽屉打开一半的任务。而 VoxPoser 能够基于视觉反馈给出多步操作策略，指挥机器人完全打开抽屉并记录手柄位移，再将抽屉推回至中点。

VoxPoser 的出现指出了大模型与机器人结合的一种途径。基于大模型的强大能力，机器人的理解能力、操作能力将大幅提升。例如，机器人能够具备强大的视觉推理能力，能够理解现实场景、人物关系等。在大模型的支持下，未来的机器人将具备更高的智能性。

# 第三章

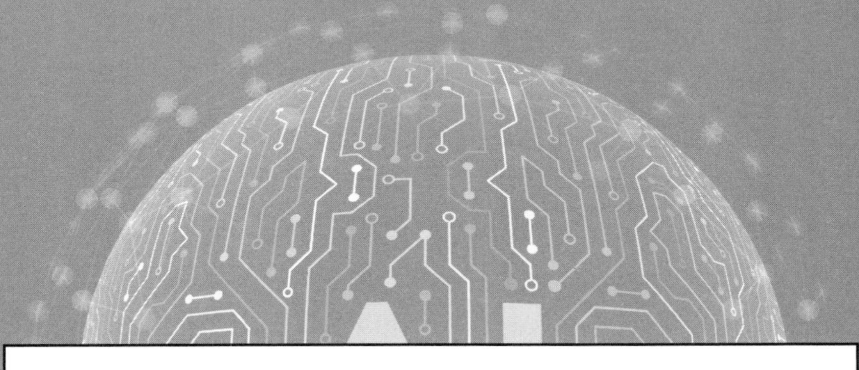

## 产业态势：产业生态趋于繁荣

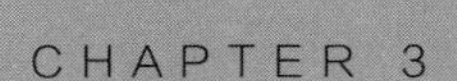

CHAPTER 3

从产业发展角度来看，在政策、资本支持，多行业企业持续加深探索的背景下，AIGC 产业生态趋于繁荣。AIGC 底层技术不断迭代，大模型持续更新，AIGC 服务与应用实现了持续拓展。在发展过程中，AIGC 还形成了可行的商业模式——MaaS 模式。这推动了 AIGC 服务与应用的持续落地，以蓬勃的新业态推动了 AIGC 产业的持续繁荣。

# 第一节
# AIGC 产业发展环境解析

AIGC 有广阔的发展前景和巨大的应用价值，因此得到了政策和资本的支持，拥有良好的发展环境。这不仅为企业深入布局 AIGC 领域提供了有力支撑，也为 AIGC 项目的顺利推进与持续发展奠定了坚实的基础。

## 政策支持：多项 AIGC 利好政策发布

AIGC 产业是我国大力支持的新兴产业之一。随着 AIGC 的发展，AIGC 相关政策纷纷出现，对 AIGC 产业的发展进行了引导与规范，为其提供了良好的发展环境。

2023 年 7 月，国家互联网信息办公室联合多个部门公布了《生成式人工智能服务管理暂行办法》。这一政策鼓励生成式人工智能在各行业的应用，构建完善的应用生态体系，同时指出了要加强生成式人工智能基础设施建设、公共训练数据资源平台建设等。这一政策为 AIGC 产业的发展奠定了基调，是针对 AIGC 产业的规范性政策。

同时，北京、安徽等地也出台了有关 AIGC 的利好政策。

2023 年 5 月，《北京市促进通用人工智能创新发展的若干措施》（以下简称《措施》）发布。该《措施》强调了算力、数据、大模型等对通用人工智能发展的重要作用，指出要提升算力资源统筹供给、高质量数据要素供给等方面的能力，构建通用人工智能技术体系，推进通用人工智能的应用，同时营造良好的监管环境。

此外，北京市还发布了“通用人工智能产业创新伙伴计划”。该计划瞄准产业链合作伙伴，构建政产学研用协同发展体系，以推进大模型的研发与应用。该计划划定了伙伴的范围，包括算力伙伴、数据伙伴、模型伙伴、应用伙伴、投资伙伴。各市场主体可承担不同的伙伴角色，通过协同合作共谋发展。

除了北京市，2023 年 10 月，安徽省也发布了《安徽省通用人工智能创新发展三年行动计划（2023—2025 年）》（以下简称《行动计划》)。该《行动计划》明确了推进通用人工智能发展的总体思路、行动目标、重点任务和保障措施，以抢占通用人工智能发展制高点，创建创新发展生态体系。

此外，安徽省还印发了《打造通用人工智能产业创新和应用高地若干政策》，政策内容涉及算力供给、数据供给、技术支撑体系建立、推进市场应用、汇聚市场主体、招才引智、产业生态打造和宣传培训等方面。该政策指出将通过“揭榜挂帅”“定向委托”等方式，对通用大模型、行业大模型等技术的研发应用予以资助。

以上政策的出台，有利于推进 AIGC 领域的协同合作以及通用人工智能产业创新高地的打造，从多方面助推 AIGC 产业繁荣发展。

## 资本支持：AIGC 领域资本持续涌入

AIGC 火热发展的背后离不开资本的支持。当前，大量资本持续涌向 AIGC 领域，AIGC 相关投资融资事件频发，市场一片火热。

AIGC 领域的明星企业 OpenAI 在 2023 年 4 月完成了 103 亿美元的融资。本次融资分为两个部分：一部分是由微软主导的战略投资，金额约为 100 亿美元；另一部分是由老虎环球管理、红杉资本等机构参与的财务投资，金额超过 3 亿美元。此次融资后，OpenAI 估值猛增，突破了 270 亿美元。

除了 OpenAI，诸多 AI、大模型相关企业都获得了投资。AI 初创公司 inflection AI 在 2023 年 6 月完成一笔 13 亿美元的融资；AI 初创公司 Typeface 于 2023 年 2 月和 6 月连获两笔融资，分别为 6500 万美元和 1 亿美元；AI 公司光年之外获得来自腾讯资本、宿华等投资的约 16.6 亿元的资金；多模态大模型产品开发商生数科技也获得了来自百度、蚂蚁集团等企业的近亿元资金。

在 AIGC 投资热潮中，国内外科技巨头是重要的参与者。国内方面，腾讯投资了深言科技、光年之外、MiniMax 等企业；

百度投资了西湖心辰、生数科技等企业；阿里巴巴旗下的蚂蚁集团投资了生数科技、月之暗面等企业。国外方面，微软投资了 OpenAI、inflection AI 等企业；谷歌投资了 Versed、Runway 等生成式 AI 企业；英伟达投资了 inflection AI、Runway 等生成式 AI 企业。

总之，当前，AIGC 成为各科技巨头重点押宝的领域。在资本的助推下，越来越多的 AIGC 企业斩获了投资，同时投资金额也在不断上涨，单笔过亿元的融资不在少数。这将持续推动 AIGC 产业的发展，从而促进产业繁荣。

## 新晋 AIGC 独角兽：AI21 Labs 获巨额融资

2023 年 8 月，以色列 AI 初创公司 AI21 Labs 宣布，已经完成 1.55 亿美元的 C 轮融资。科技巨头 Alphabet、英伟达等都参与了此次融资。之后，AI21 Labs 又完成了 5300 万美元的 C 轮扩展轮融资，资金来自英特尔投资公司（Intel Capital）、康卡斯特风险投资公司（Comcast Ventures）等。也就是说，AI21 Labs 的 C 轮融资总额达到 2.08 亿美元。

AI21 Labs 受到资本青睐，与其在 AIGC 赛道深耕密切相关。AI21 Labs 致力于开发一系列文本生成 AIGC 工具，具有很大的发展潜力。其主线产品为一个即用即付的开发者平台 AI21 Studio，该平台可以基于文本生成模型构建基于文本的自定义商业应用程序。用户能够通过 API（Application Program

Interface，应用程序接口）利用该平台完成各种生成式AI任务，如摘要、释义、拼写纠正等。同时，该平台支持西班牙语、德语等多种语言的智能生成。

在应用方面，AI21 Labs是亚马逊AIGC应用程序开发平台Bedrock的合作伙伴；旗下AIGC写作应用Wordtune吸引了上千万用户使用。在生成可靠、准确的结果的同时，AI21 Labs也在不断更新数据以迭代算法模型，保持产品的先进性。

AI21 Labs表示，将会把C轮融资的资金用于研发工作，推进更先进AI算法的研发，使AI算法具备跨领域的推理能力。此外，AI21 Labs还将引入更多专业人才，扩大公司规模，并积极寻求合作，与更多公司达成合作伙伴关系，提升自身技术研发实力。

## 第二节
## AIGC 产业生态拆解

从产业生态来看，AIGC 产业可分为三大层级：上游的基础层包括数据、算力等基础设施，为整个产业提供发展动力；中游模型层包括聚焦各种方向的大模型，这是打造 AIGC 工具，实现 AIGC 落地的基础；下游应用层包括各种 AIGC 行业解决方案及具体的应用，呈现出不断扩展的态势。

### 上游基础层：提供数据、算力基础支持

AIGC 产业生态的形成离不开数据、算力等基础设施的支持。有了完善的基础设施，AIGC 相关大模型等才得以诞生。AIGC 产业上游基础层聚集着多样的数据、算力供应商，提供数据、算力、计算平台等基础设施。

在数据方面，AI 数据服务商为 AIGC 产业提供丰富多样的数据支持，满足大模型预训练、微调等的需要。

当前，市场中的 AI 数据服务商主要分为三类。第一类是以百度、京东、腾讯等为代表的科技巨头，推出了各自的 AI 数据服务，如百度智能云数据众包、京东众智、腾讯数据厨房

等。这类企业入局 AI 数据服务市场较早，服务比较完备。

第二类是专业的数据服务商，如海天瑞声、拓尔思、数据堂等。这类企业聚焦数据服务细分领域，能够提供专业、多样化的数据服务，所占市场份额最多。

第三类是提供 AI 数据服务的初创企业，如 MindFlow、BodenAI 等。这类企业所占市场份额最少，但展现出巨大的发展潜力。

在算力方面，AI 芯片为 AIGC 的发展提供算力支持，这一领域聚集了大量 AI 芯片厂商，如谷歌、英特尔、英伟达、海思半导体、联发科、地平线机器人等。

2023 年 4 月，谷歌公布了其用于大模型训练的 AI 芯片 TPU（Tensor Processing Unit，张量处理器）V4。早在 2016 年，谷歌就推出了专门用于机器学习的 TPU 芯片，该系列芯片通过低精度计算，大幅提升了计算速度并降低了功耗，为谷歌旗下的搜索、自然语言处理等产品提供了算力支持。

而第四代 TPU 芯片 TPU V4 在提高效率、节能等方面实现了进一步突破，具有优越的性能。TPU V4 已经在谷歌云平台上线，用于大模型训练。未来，TPU V4 可以支持更多大模型训练，支持更多的人工智能应用场景。

基于在智能计算方面的优势，计算平台可以为大模型训练提供支撑。2023 年 6 月，云上科研智算平台 CFFF（Computing for the Future at Fudan）成功上线，可助力大模型训练。该计算平台由复旦大学、阿里云、中国电信联手打造，通过公共云模式实现千卡并行的智能计算，为大模型训练提供支持。

该平台包括面向多学科融合创新与面向高精尖研究的两大计算集群。在高速传输网络、大规模异构算力[1]融合调度技术、AI 与大数据一体化技术等的支持下，两大计算集群组合成一台性能强大的超级计算机。基于该平台，复旦大学人工智能创新与产业研究院发布了一个中短期天气预报大模型，在展示出良好预测效果的同时也大幅提高了预测速度。

## 中游模型层：以大模型输出 AIGC 能力

AIGC 中游模型层聚集着大量大模型玩家，它们基于自身在技术、数据等方面的优势，积极推进通用大模型和垂直大模型的开发。具体而言，中游模型层聚集的参与者可以分为以下几类，如图 3-1 所示。

（1）互联网巨头。包括谷歌、苹果、华为、百度等。谷歌推出了 Gemini 大模型、PaLM 2 大模型；苹果公布了多模态大模型 MM1；华为推出了“盘古”大模型，并探索多行业应用；百度推出“文心”大模型，并基于此打造了文心一言、文

[1] 异构算力是指采用不同技术实现的计算能力，包括不同的系统架构、指令集、技术类型和计算能力提供方式。常见的异构算力实现方式有 X86 架构、ARM 架构、CPU、GPU、DPU、FPGA 等计算芯片和专用硬件计算芯片。——编者注

图 3-1　中游模型层的主要参与者

心一格等产品。

（2）AI 企业。包括 OpenAI、Stability AI、商汤科技、昆仑万维等。OpenAI 推出了 GPT 系列模型、图像生成模型 DALL·E；Stability AI 推出了大语言模型 Stable LM、文生图模型 SDXL Turbo；商汤科技推出了“日日新”大模型；昆仑万维推出了“天工”大模型等。

（3）科研院所。如北京智源人工智能研究院、中国科学院自动化研究所。北京智源人工智能研究院推出了“悟道 3.0”大模型；中国科学院自动化研究所推出了“紫东太初 2.0”大模型等。

（4）数据服务商。如拓尔思、浪潮信息等。拓尔思推出了“拓天”大模型；浪潮信息推出了“源 2.0”大模型等。

（5）垂直行业厂商。如专注法律领域的 AI 公司幂律智能、金融 IT 服务商恒生电子等。幂律智能推出了法律行业垂直大模型 PowerLawGLM；恒生电子推出了金融行业垂直大模型 LightGPT 等。

在诸多参与者中，互联网巨头、AI 企业、科研院所等是大模型研发的主要力量。同时，基于在数据、细分领域等方面的优势，一些数据服务商、在细分领域具有行业优势的厂商也加入了布局大模型的大军中。

从大模型类别上来看，自然语言处理大模型和多模态大模型是大模型开发的重点，计算机视觉和智能语音等领域的大模型较少。在更多主体参与大模型研发的过程中，大模型开源成为趋势。互联网巨头、科研机构等成为探索开源大模型的主力。

## 下游应用层：各方应用逐渐铺开

在 AIGC 产业的应用层，聚集着多样的应用场景。整体来看，AIGC 应用呈现向 B（企业）端与 C（消费者）端两大方向同时扩展的趋势，在金融、软件管理等 B 端场景以及教育、电商等 C 端场景中实现了应用。

### 1. B 端：金融

在金融场景中，金融相关大模型加速落地，推动了 AIGC 的应用。2023 年 3 月，财经资讯公司彭博社（Bloomberg News，彭博新闻社）发布了金融行业大语言模型 BloombergGPT。该模型依托彭博社的海量金融数据，构建了规模庞大的数据集，支持金融领域的多种任务。该模型能够帮助彭博社改进市场情绪分析、新闻分类等现有金融业务。同时，该模型还能够通过调用彭博社大量可用数据，从而更好地为企业客户服务。

### 2. B 端：软件管理

在软件管理方面，数智化软件与服务提供商用友网络基于 AI 技术打造了生成式智能 ERP 系统。用友网络在 BIP（Business Innovation Platform，商业创新平台）中建立了数十个场景化 AI 大模型，并推出了数百个基于 AI 大模型的 AIGC 应用。

同时，用友网络积极与百度合作，接入文心一言，并将百度先进的智能对话技术融合到自身 BIP 平台与相关服务中，在财务、人力、智能制造等方面与百度展开深度合作。用友网络旗下的用友新道基于文心一言打造智能教育产品；用友金融数智化云平台基于文心一言打造金融行业的智能化应用。此外，用友网络还将携手百度，基于 AIGC 能力推出场景化的 AIGC 智能企业服务解决方案。

### 3. C 端：教育

在教育方面，教育企业积极提升接入 AIGC 的能力，打造新型教育产品。例如，教育企业多邻国（Duolingo）推出了基于 GPT-4 大模型的新产品 Duolingo Max。Duolingo Max 具有

Explain My Answer（解释我的回答）和 Roleplay（角色扮演）两个新功能，大幅提升了用户的学习体验。

用户完成一个练习后，点击 Explain My Answer 按钮，系统就会生成具体的解释，告知用户其答案是否正确以及如何改进。当用户想要练习场景对话时，点击 Roleplay 按钮，系统就会生成虚拟的对话场景和对话人物，帮助用户进行语言训练。虚拟对话人物可以和用户进行流畅的多轮对话，提升了用户的学习体验。

### 4. C 端：电商

在电商场景中，AIGC 能够帮助商家智能生成营销内容，赋能客服机器人，为用户提供咨询服务。电商服务平台 Shopify 在 OpenAI 开放 ChatGPT 的 API 接口时接入了 ChatGPT，升级了平台服务。

基于 ChatGPT 的赋能，平台上的客服机器人能够为用户提供咨询服务，从而节省商家的沟通时间。同时，平台能够根据用户的搜索记录，为用户提供个性化的推荐服务，提升用户的购物体验。此外，智能化的商品评论数据分析能够帮助商家分析商品评论，为商家的商品优化提供建议。

在应用层，AIGC 应用呈现向 B 端、C 端拓展的趋势。当前，AIGC 已经在金融、教育等场景实现应用，未来，随着 AIGC 的发展，其将在更多细分场景落地，可以覆盖更多的 B 端与 C 端场景。

# 第三节
# MaaS 模式：大模型输出 AIGC 能力的新业态

MaaS 模式是一种基于大模型发展衍生出的新型商业模式。在 MaaS 模式下，互联网巨头和 AI 创新企业可以通过为企业客户、开发者等提供大模型服务而获得收益。这一模式的崛起，不仅推动了 AIGC 产业的快速发展，还催生了全新的产业生态，为整个行业注入了新的活力。

## MaaS 模式满足用户个性化需求

MaaS 模式是一种全新的商业模式，即科技巨头以大模型服务为企业提供高效、低成本的模型使用与开发支持。在这种模式下，科技巨头能够以大模型服务收取费用；企业可以在云端调用、部署大模型，训练专属 AIGC 产品，无须构建底层大模型，从而降低布局 AIGC 的成本。

例如，某科技巨头推出了一款通用大模型，基于庞大的参数、对海量数据的训练，大模型具备强大的通用能力，能够完成多种任务。而想要在细分领域落地，大模型还需要进一步微调，基于细分领域的数据进行训练，以具备满足细分领域发展需要的功能。

科技巨头可以基于自身在某一领域的优势，基于通用大模型打造聚焦细分领域的垂直大模型，并开放应用接口。同时，细分领域的企业可以作为开发者，基于科技巨头的大模型训练专属大模型，再将大模型开放给自己的用户。

这样一来，科技巨头可以开放大模型 API，收取细分领域的企业接入模型的费用。而对于细分领域的企业来说，其可以以更低的成本使用大模型，并通过微调将大模型打造成更能满足自身需求的应用。基于 MaaS 模式，无论是实力强劲的科技巨头，还是想要布局大模型的新玩家，都可以从中获益。

## 关键要素：模型与应用是关键

在 MaaS 模式落地的过程中，模型与应用是其中的关键要素。模型为 MaaS 模式提供技术底座，提供生成、交互等核心能力。而应用指的是 MaaS 模式需要基于各场景的个性化需求，提供个性化的服务。

模型包括具备广泛通用能力的通用大模型和聚焦特定行业的行业大模型。而在研发应用之前，通常需要进行行业数据训练与模型微调，在通用大模型的基础上打造行业大模型，再进一步打造相关 AIGC 应用。

例如，基于通用大模型的行业数据训练与模型微调，能够打造出工业行业大模型、医疗行业大模型等。而基于工业行业大模型可以打造智能制造、企业智慧管理等方面的 AIGC 应用；基于医疗行业大模型可以打造辅助诊疗、药物研发等方面的 AIGC 应用。

从应用方面来看，垂直领域应用成为 MaaS 模式落地的主战场。当前，已经有一批基于大模型的 AIGC 应用在零售、制造、教育、办公等场景中落地。同时，越来越多的行业、企业开始整合大模型能力，创新 AIGC 应用，挖掘 MaaS 模式的更大价值。

例如，MaaS 模式是拓世科技一直践行的 AIGC 落地方式。在模型方面，拓世科技自主研发“拓世”大模型，为 AIGC 应用的落地提供技术底座。同时，基于拓世大模型，拓世科技也在数字人、直播等方面进行了积极探索，并推出了相应的 AIGC 应用。

在数字人方面，拓世科技推出了拓世 AI 数字人。该 AI 数字人能够根据不同场景定制语音信息，为用户提供个性化的交流体验，可以用于政务处理、银行业务等。在直播方面，拓世科技打造了直播运营管理平台，帮助用户搭建直播电商矩阵，增加用户的收入。

在模型与应用两大要素的支持下，MaaS 服务成为推动 AIGC 普及的重要驱动力。其挖掘了 AIGC 的潜力，简化了 AIGC 落地部署的过程，重新定义了 AIGC 的商业价值。

## 企业以 MaaS 模式获取收益

MaaS 模式能够为企业带来收益，包括通过推出 AIGC 订阅服务获得收益、通过提供定制化开发服务获得收益等。

一方面，企业可以推出 AIGC 订阅服务，收取费用。ChatGPT 就是其中的典型案例。对于 ChatGPT，OpenAI 不仅提供一些免费服务，还推出了订阅付费版的 ChatGPT Plus，收费标准是每月 20 美元。

ChatGPT Plus 付费用户可以享受三项增值服务，分别是高峰时段免排队、快速响应和新功能优先试用。在 ChatGPT 的访问高峰期，用户可能需要排队几小时，因此，付费用户能够在高峰期访问 ChatGPT 这一增值服务极具吸引力。OpenAI 还推出内测付费版 ChatGPT Pro，每月的服务费为 42 美元，增值服务是全天可用、快速响应和优先使用新功能。

除了 OpenAI，其他企业也尝试通过提供订阅服务收取费用。例如，人工智能企业 Jasper.AI 推出了 AI 写作助手 Jasper。Jasper 能够为用户提供写作模板，完成广告文案创作、邮件写作、社交媒体推文撰写等任务，满足用户在不同场景下的需求。为了更好地服务用户，Jasper 还推出了多档订阅服务。订阅服务的收费标准主要有三种，最低的为 29 美元。

另一方面，企业可以通过提供定制化开发服务收费。这一模式也是 OpenAI 的主要收费模式之一。例如，DALL · E 是 OpenAI 推出的一个图像生成模型，能够对图像进行编辑和创建。如果企业对图像生成有需求，可以将该模型应用于自身产品中。初创公司 Mixtiles 就积极与 OpenAI 合作，在自身产品中融入 DALL·E 模型，帮助用户完成内容创作。

此外，零售平台 Cala 也搭载了 DALL·E 模型。Cala 为有想法的用户提供零售平台，用户可以在该平台宣传自己的品牌。同时，Cala 也提供一站式服务，包括产品的构思、设计、销售等。在融入 DALL·E 模型后，Cala 平台用户可以使用搭载 DALL·E 模型的工具上传文本描述或参考图像，获得符合自身需求的设计图。

与 Mixtiles 相比，Cala 对模型的应用的商业化程度更高，对细节的要求也更高。虽然二者都使用 DALL·E 模型，但收费存在较大差异。总之，即便是同一个大模型，面对不同的客户需求，提供不同的服务，收费也不同。客户的要求越高，则大模型的收费标准越高。

## ChatGPT 开放 API，为企业产品赋能

在 MaaS 模式方面，OpenAI 做出了诸多探索，除了提供 ChatGPT Plus 订阅服务，OpenAI 还开放了 ChatGPT API，允许企业将 ChatGPT 集成到自己的产品中，并以此获得收益。针对这项服务，OpenAI 的定价为 0.002 美元 /1000 tokens。其中，token 为一种非结构化文本单位，一个 token 约对应 4 个英文字符，100 个 token 约对应 75 个英文单词。

在开放 API 后，不少企业都在产品中引入了 ChatGPT。例如，跨境电商平台 Shopify 率先集成 ChatGPT，打造了智能客服。基于 ChatGPT 的强大能力，智能客服能够更加精准地进行个性化推荐，代替商家与用户进行互动。同时，Shopify 还具备了平台商品评论数据分析、标题优化、营销文案撰写、网站智能化开发等功能，为商家提供多重助力。

除了 Shopify，学习平台 Quizlet 基于 ChatGPT API 打造了 AI 老师 Q-Chat。Q-Chat 可以基于学习资料提出自适应问题，与学生进行趣味性聊天等，在帮助学生学习的同时又提升了学生的学习体验。

OpenAI 开放 ChatGPT API，吸引了大量企业客户，这在为 OpenAI 带来更多收益的同时，也为其他企业的产品开发提供了新路径。基于 ChatGPT API，企业不仅可以升级自身产品，还可以开发出更具商业价值的应用。在企业集成 ChatGPT 的过程中，ChatGPT 也顺利实现了更广范围的应用。

# 第四章

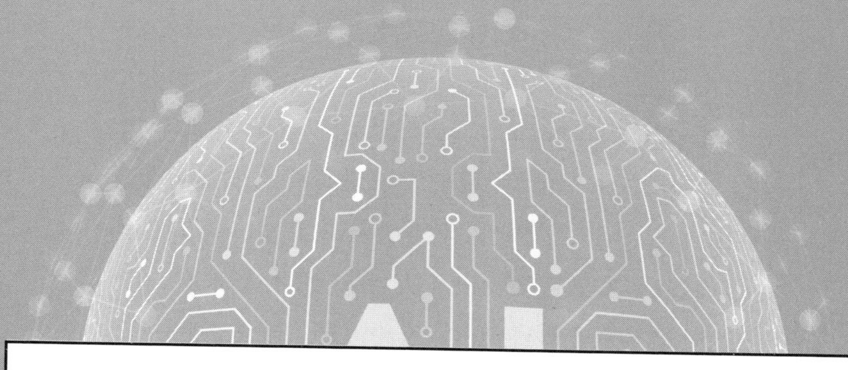

# 竞争格局：AIGC 赛道持续火热

CHAPTER 4

国内外 AIGC 领域的发展进程存在明显差异，国外的 AIGC 技术起步较早，国内在 AIGC 方面布局较晚但发展速度较快。从全球竞争格局来看，国内外诸多企业、科研机构纷纷入局，聚焦于底层设施、大模型研发、产品创新等方面展开竞争，推动着 AIGC 赛道持续火热。

# 第一节 国内外互联网巨头布局 AIGC

当前，国内外互联网巨头纷纷布局 AIGC 领域，推出多种多模态大模型，打造 AIGC 产品，探索 AIGC 的商业化路径。谷歌、微软、华为、阿里巴巴等都是其中的典型代表。

## 谷歌：多模态通用大模型 Gemini 上线

谷歌是 AIGC 领域的领军企业，持续进行多模态大模型的研发。2023 年 12 月，谷歌旗下多模态通用大模型 Gemini 上线，展示了谷歌在 AIGC 领域的强大实力。

Gemini 是基于 Transformer decoder 构建的多模态模型，能够理解文字、图片、音频等多模态内容，并生成文本、代码等多模态内容。Gemini 在代码生成方面具有显著的优势，它可以理解并生成 Python、Java 等编程语言的代码。基于 Gemini 模型，谷歌推出了专业的代码模型 AlphaCode 2，辅助用户进行代码开发。

此外，Gemini 具备强大的推理能力，能够理解复杂的文本信息、视觉信息等。例如，其可以从海量文档中提取见解、从繁杂的报告中整理有价值的内容等，这对推动科研进步具有重大意义。

Gemini 有 Ultra、Pro、Nano 三个版本。其中，Gemini Ultra 面向企业级应用，能够完成复杂的推理任务；Gemini Pro 具有强大性能，适合扩展各种任务；Gemini Nano 聚焦设备上的任务，可以在安卓设备上运行。

在应用方面，谷歌把 Gemini 整合到旗下 AI 机器人 Bard 中，并推进 Gemini 在不同国家的应用。

值得注意的是，在发布 Gemini 的同时，谷歌还推出了新的云端 AI 芯片 TPU v5p。该芯片极大地提升了数据传输速度与芯片性能，能够以其强大的计算能力为大模型的训练和推理提速。未来，在强大芯片的支持下，Gemini 有望实现持续迭代，不断提升模型性能。

在推出 Gemini 后，谷歌持续推动 Gemini 的迭代。2024 年年初，谷歌推出了 Gemini 的升级版本 Gemini 1.5。相比最初版本，Gemini 1.5 在长上下文理解、对海量信息进行复杂推理、多模态理解与推理等方面的性能有所提升，具有更加强大的智能能力。未来，谷歌将不断推进研发，推进 Gemini 的持续迭代，不断提升模型性能。

## 微软：推出多款 AIGC 产品，赋能用户

作为 OpenAI 的主要投资者，微软在 AIGC 领域早有布局。

依托 OpenAI 的大模型能力，微软发布了多款基于 GPT-4 的 AIGC 产品。

例如，微软将 GPT-4 与旗下搜索引擎 Bing 相结合，推出了更加智能的搜索引擎 New Bing。New Bing 具有诸多优势，如图 4-1 所示。

图 4-1　New Bing 的优势

## 1. 支持多模态聊天

基于 GPT-4，New Bing 能够实现智能化的多模态聊天，能够根据用户的提问回答问题，为用户提供建议和策略。在回答问题时，New Bing 不仅可以输出文本，还可以输出图像、音频、视频等内容，提升了内容的丰富性。

## 2. 支持多语言绘图

New Bing 的绘图功能支持上百种语言，为全球用户提供便利。同时，基于强大的图像生成能力，New Bing 能够在短时间内生成符合用户要求的精美图片。

### 3. 支持插件

New Bing 支持各种插件，让任务处理更加高效。当前，New Bing 支持的插件包括 OpenTable、Wolfram Alpha 等。这些插件让 New Bing 的功能进一步拓展，能够进入更多的应用场景。

此外，New Bing 还能基于先进的算法，根据用户需求为其提供个性化的搜索体验；保护用户隐私，让用户能够放心地提供个人信息和数据。New Bing 支持多种操作系统，如 Windows、Android、iOS 等。

再如，在网络安全方面，微软发布了接入 GPT-4 的网络安全产品 Microsoft Security Copilot。基于 GPT-4，Microsoft Security Copilot 融合了微软在安全领域积累的丰富专业知识和全球网络威胁情报，不断学习安全技能，强化自身防御能力以及提供定制化解决方案的能力。同时，Microsoft Security Copilot 能够与当前的安全解决方案集成，与其他产品或系统进行协作。

在功能方面，Microsoft Security Copilot 能够实时分析网络威胁，并生成解决方案。以勒索软件为例，以往分析勒索软件事件、给出解决方案需要花费大量时间，而 Microsoft Security Copilot 能够在短时间内获取重要信息并进行分析，展示安全事件过程，并给出相应的解决方案。这极大地提升了解决网络安全事件的效率。

未来，随着微软对 AIGC 相关技术的投资、引入与研发，其将推动 AIGC 在更多领域的应用，推出更多业内领先的 AIGC 产品。

## 华为：探索盘古大模型的多领域应用

2023 年 7 月，华为盘古大模型 3.0 正式上线。作为功能强大的通用大模型，盘古大模型致力于帮助合作伙伴、客户打造自己的专属大模型，推动大模型在更多行业中的落地与价值创造。

华为基于大模型，打造了一套从技术到应用的解决方案，以弥补传统模型存在的通用性差、开发门槛高等缺陷。同时，华为打通了从模型监控、数据回传到持续学习、持续更新的技术闭环，为大模型的高效开发奠定了技术基础。

盘古大模型的层次化预训练架构为大模型的定制化开发提供了底层架构支持。根据应用场景的不同，大模型预训练架构分为通用层、行业层和场景层。其中，通用层为基于海量互联网数据训练而形成的通用大模型，是整个大模型预训练架构的底座。行业层是通过收集行业的多种数据，基于通用层的底座打造的行业预训练模型。通用层和行业层为大模型开发奠定了基础，而场景层只需要根据相关场景数据就能够产出场景化的大模型解决方案。

在强大功能的支持下，盘古大模型在多个行业实现了应用。例如，在煤矿行业，煤矿生产企业往往无法自主进行 AI 算法模型的开发，也缺乏 AI 算法模型持续迭代的机制。同时，定制化的算法模型提高了开发门槛，难以实现 AI 算法模型的大规模复制。

为了解决这些问题，华为与山东能源集团携手，基于盘古大模型打造了人工智能训练中心。双方凭借盘古大模型，打造了一套 AI 算法模型流水线应用，可应用到不同场景中，降低了大模型开发的门槛，实现了大模型的工业化开发。目前，该应用已经在采煤、主运、安监、洗选、焦化等多个专业领域的 20 余个场景实现了应用，实现了井下生产、智慧决策等方面的智能生产模式创新。

同时，为了让配煤更高效，华为推出了智能配煤解决方案。在无须人工干预的情况下，盘古大模型能够根据煤资源数据库、焦炭质量要求、配比规则、工艺输出优化配比，输出高性价比的配合煤，缩短配比耗时，节省了成本。

再如，在气象领域，华为基于盘古大模型推出了盘古气象大模型。通过建立三维神经网络结构并结合层次化的时间聚合算法，该模型能够更加精准地提取气象预报的关键要素，如风速、温度、空气湿度、大气压、重力势能等。在台风路径预测方面，该模型能够将台风位置的误差降低 20%。在气象预报常用的时间范围上，该模型能够提供未来 1 小时至 7 天的气象预测。

盘古气象大模型能够与多个场景结合，为城市管理、企业发展提供技术支持。在气象能源领域，该模型可以为相关企业提供及时、精准的气象数据，协助企业更好地管理能源生产和消耗。在航空航天领域，该模型可以提供实时气象数据，有助于机场更好地管理飞机，提升航空飞行效率。在农业生产领域，该模型可以为相关企业提供精准的气象预测服务，为农产品的质量保驾护航。在智能家居领域，该模型与家用设备相结合，实时监测室内的温度、湿度，优化市民居家体验。

此外，在虚拟数字人打造方面，华为公布了自己的规划：将推出盘古数字人大模型，帮助用户快速生成虚拟数字人。基于盘古大模型底座，盘古数字人大模型具备强大的计算能力与深度学习能力，能够生成智能化虚拟数字人。智能生成的数字人具有自主思考、情感表达等能力，能够与用户进行高度智能的交流。例如，其能够倾听用户的倾诉，理解用户的感情，并以情感化的方式进行回应；能够回答科技、娱乐等多领域的问题，根据用户提问给出准确的回答。

未来，随着华为进一步加深在大模型应用方面的探索，华为盘古大模型在各行各业的应用将更加广泛，为用户推出更多智能服务。这将为企业发展、行业变革提供重要的技术支持。

## 阿里巴巴：持续推进 AIGC 商业化探索

在 AIGC 方面，阿里巴巴推出了通用大模型通义千问。通义千问具有多模态理解、逻辑推理等能力，能够实现多轮对话与内容创作。基于通义千问大模型，阿里巴巴积极打造多样化产品，持续推进 AIGC 的商业化探索。

2023 年 6 月，阿里巴巴推出了基于通义千问大模型的 AI 助手通义听悟。通义听悟具备通义千问大模型的理解与摘要能力，能成为用户生活和学习中的帮手。通义听悟搭载了先进的语音和语言技术，能够实现对音视频内容的检索、整理，帮助用户书写笔记、进行访谈和制作幻灯片（PPT）等。

通义听悟能够应用于多个场景，包括会议、采访、课堂等，其核心能力主要有以下几个，如图 4–2 所示。

图 4–2　通义听悟的核心能力

（1）实时语音转写。通义听悟能够实时记录内容，对内容进行整理，实现音频、文本同步输出。同时，通义听悟具有关键字句检索功能，能够突出显示核心内容，来帮助用户把握会话重点。

（2）文件转写。通义听悟能够与阿里云盘互通，在短时间内实现音视频文件转写。转写结果会保存在“我的记录”中，方便用户随时回顾，节约了用户的时间。

（3）实时翻译。通义听悟能够对发言内容进行实时翻译，支持中英互译，实现无障碍沟通。

（4）快速标记重点。通义听悟能够对内容的重点和待办事项等进行标记，使用户回顾整理时能更加清晰明了。

（5）支持内容一键导出。用户可以从通义听悟中一键导出所需内容，包括音视频、笔记等。同时，通义听悟还支持导入多种格式的文档，包括 Word、PDF 等。

此前，AI 转写服务价格高昂，而借助通义听悟，用户可以通过完成每日任务来获得免费时长。通义听悟将成为用户的 AI 助手，为用户带来个性化、优质的智能服务。通义听悟的小程序版本将在钉钉、阿里云盘等产品中上线，与这些产品的内部使用场景相融合，为用户带来全新体验。

除了推出通义听悟，阿里巴巴还积极推动大模型与工业机器人的结合，实现对工业机器人的远程操控。在演示视频中，工程师通过钉钉发送“找点东西喝”的指令后，通义千问大模型会立即理解这一指令，并自动编写一段代码发送给机器人。接收指令后，机器人会识别周围环境，找到桌子上的水杯，流畅地完成移动、抓取等动作，将水杯递给工程师。

此前，机器人只能完成一些设定好的固定任务，难以执行一些灵活性很强的任务。而大模型能够突破这种局限，让用户可以通过自然语言指挥机器人来完成任务。

工业机器人的开发门槛较高，工程师需要编写代码、反复调试，工业机器人才有可能满足生产线的任务需求。

大模型可以在工业机器人开发和应用方面发挥重要作用。以阿里云的探索为例，在工业机器人开发阶段，工程师能够通过通义千问大模型生成代码指令，更加便捷地进行工业机器人功能的开发和调试。同时，通义千问大模型能够帮助工业机器人生成一些全新功能，如对抓取、移动等能力进行自主编排，使其能够完成更加复杂的任务。

在实际应用中，通义千问大模型能够为机器人提供推理决策能力。工人只需要输入相应的文字，通义千问大模型就能够理解其意图，并将文字内容转化为工业机器人可以理解的代码，进而顺利执行任务。这能够大幅提高工业机器人的工作效率。

阿里巴巴已经启动“通义千问伙伴计划”，将在未来为加入的伙伴提供大模型服务与产品支持，推动大模型在不同行业的应用。

# 第二节
# 多方企业或机构加入

随着 AIGC 技术的蓬勃发展，众多 AI 公司与科研机构纷纷投身这一赛道，成为塑造 AIGC 竞争格局的关键力量。其中，AI 公司凭借其在技术领域的深厚积累和独特优势，不断推陈出新，为市场带来了一系列前沿的 AIGC 新产品。而研究机构则主要通过技术合作的方式，聚焦专业大模型的研发，为 AIGC 产业的进步提供源源不断的创新动力。

## AI 公司：聚焦 AIGC 技术探索推出新应用

一些 AI 公司在 AI 技术方面十分具有优势，对于 AIGC 这一 AI 发展的重要方向，投入了大量资金与精力进行新技术研发，成为推动 AIGC 技术发展与落地应用的重要力量。商汤科技、昆仑万维等都是其中的典型代表。

2023 年 4 月，商汤科技发布了日日新 SenseNova 模型体系。它主要分为基础层、中间层、应用层三个层面。其中，基础层是一个大参数的多模态预训练模型，能够处理文字、视频、图片等数据，并支持多种语言。中间层是一个面向不同领域与场景的适配模型，能够根据用户需求进行定制化训练。应用层是一个功能强大的应用模型，能够完成智能问答、翻译、图像生成等多种任务。

在该模型体系的基础上，商汤科技推出了多样的 AIGC 应用。

（1）自然语言应用“商量 SenseChat”。该应用能够处理各种文本，为用户提供文本编辑、数理计算、编程辅助等服务。

（2）图像生成应用秒画 SenseMirage。该应用支持文本生成图像、图像风格转换，还具有姿势控制、线稿上色等玩法，能够生成个性化的图像内容。

（3）数字人视频生成平台如影 SenseAvatar。该应用具备强大的视频生成能力，用户在平台中选择好视频模板并输入文案，即可一键生成各类数字人视频，如品牌宣传视频、带货视频、培训视频等。同时，如影 SenseAvatar 具有形象定制、声音克隆等功能，支持用户定制专属数字人并打造视频。

除了商汤科技，昆仑万维发布了“昆仑天工”AIGC 全系列算法与模型，并推出了天工巧绘 SkyPaint、天工乐府 SkyMusic、天工妙笔 SkyText、天工智码 SkyCode 等 AIGC 应用，具有多方面的内容生成能力。

其中，天工巧绘 SkyPaint 是一款 AIGC 绘画应用，支持文字生成图像、中英文输入等；天工乐府 SkyMusic 是一款 AI 作曲模型，支持 AI 歌曲的打造；天工妙笔 SkyText 支持多种文字内容的生成，如智能对话、文章续写、诗词创作等；天工智码 SkyCode 能够生成多种代码，覆盖 Python、Java 等十余种编程语言。

基于长久的 AI 技术沉淀和领先的 AIGC 布局，AI 公司打造 AIGC 应用成为趋势。这提升了 AIGC 应用的多样性，促进了 AIGC 产业的繁荣。

## 研究机构：积极推进大模型研发

除了 AI 公司，各种研究所、研究院等科研机构也是 AIGC 领域的重要参与者。这些研究机构往往具有技术优势，是推进大模型研发、AIGC 落地的重要驱动力。中国科学院自动化研究所、智源研究院等都是其中的代表。

以中国科学院自动化研究所为例，2023 年 6 月，中国科学院自动化研究所发布了紫东太初 2.0 全模态大模型。

紫东太初 2.0 全模态大模型是多模态大模型紫东太初 1.0 的升级版。紫东太初大模型在研发之初就以多模态技术为中心，通过文字、图像、语音等多种数据进行跨模态学习，实现了三种模态数据之间的相互生成。

而在初代版本的基础上，2.0 版本的紫东太初全模态大模型融入了视频、传感信号等更多模态的数据，实现了技术突破，具备全模态理解、生成、关联等能力。其可以理解三维场景、传感信号等信息，能够满足音乐视频分析、三维导航等多模态关联应用需求，并可实现视频、音乐等多模态内容理解和生成。

依托中国科学院自动化研究所自主研发的算法、昇腾 AI 硬件、昇思 MindSpore AI 框架、武汉人工智能计算中心等多方面的支持，紫东太初全模态大模型具备强大的通用能力，促进了通用大模型的发展。

未来，紫东太初全模态大模型将深化在手术导航、内容审核、法律咨询、交通违规图像研读等领域的应用，并不断向新领域渗透。

## Anthropic：以外部合作推进技术研发

在 AIGC 领域，AI 初创公司 Anthropic 异军突起，获得了迅猛发展。这与其不断寻求外部合作，加强技术探索密切相关。

2023 年 9 月，Anthropic 与亚马逊达成合作。双方将结合各自在 AIGC 领域的技术与知识积累，推进 Anthropic 的大模型开发进程，并将大模型提供给亚马逊云科技的用户使用。

在此次合作中，亚马逊向 Anthropic 初步投资 12.5 亿美元，并将在未来逐步增加投资，最高可达 40 亿美元。Anthropic 将选择亚马逊云科技作为主要的云服务供应商，使用其 AI 训练芯片 Trainium、AI 推理芯片 Inferentia 等进行大模型训练。

除了亚马逊，谷歌也是 Anthropic 的重要合作伙伴。2023 年 10 月，谷歌表示将向 Anthropic 投资 20 亿美元，目前已经投资了 5 亿美元，将在未来追加 15 亿美元。基于双方的合作关系，Anthropic 将借助谷歌的云计算服务进行 AIGC 技术研发。

在强有力的外部合作的支持下，Anthropic 加快了大模型的研发。2024 年 3 月，Anthropic 发布了新一代大模型 Claude 3。Claude 3 在多语言理解、推理、编码等方面具有很强的能力，长文本处理能力、多模态能力等较已有的大模型也有所提升，能够处理更加复杂的任务。

Claude 3 包含 Haiku、Sonnet、Opus 三个不同规模的模型，以满足不同的应用需求。三个模型中，Haiku 速度最快，结构最紧凑，具有很强的实时响应能力，能够快速根据用户的问题给出答案。Sonnet 在性能与速度之间实现了平衡，能够以更低的成本提供强大性能，具有很强的耐用性。Opus 是三者中最智能的模型，在多种 AI 生成任务中具有良好表现。

未来，Anthropic 将持续推进 Claude 3 系列模型的升级迭代，并发布一系列功能来增强模型的性能，以支持企业用户使用和大规模部署。

# 第三节
# 竞争焦点领域拆解

在 AIGC 市场中，各方竞争的焦点主要集中在 AI 芯片、大模型、AIGC 产品等方面。在诸多企业的布局下，各种高性能 AI 芯片、应用于各领域的大模型、多样的 AIGC 产品等不断涌现，AIGC 领域的竞争日益激烈。

## 聚焦底层设施，AI 芯片引发关注

AIGC 的发展、大模型的训练等情况，使各方对算力的需求不断提升，而 AI 芯片是解决算力需求的重要技术。要想增强算力，就要打造出性能更强的 AI 芯片。在新的发展机遇下，国内外科技巨头纷纷发力，加大了对 AI 芯片的研发力度，推出了性能更强的 AI 芯片。

谷歌、英伟达、英特尔等都是国外 AI 芯片领域的重要玩家。以谷歌为例，2023 年 12 月，谷歌推出了新一代云端 AI 加速芯片——TPU v5p。该芯片大幅提升了数据传输速度与芯片性能，能够以强大的计算能力为大模型的训练和推理提速。

一方面，TPU v5p 在性能方面有了巨大提升，能够执行数百万次浮点运算[1]和整数运算。同时，TPU v5p 拥有高带宽内存和高速的传输速度，能够更高效地处理大规模数据。另一方面，在模型训练方面，相较于之前的版本，TPU v5p 在大语言模型的训练速度上有了大幅提升。这能够帮助开发者更快训练出模型，提升模型准确性，可以加速大模型的开发和推广。

除了国外的企业，国内的 AI 芯片供应商，如百度、海思半导体等也推出了各自的 AI 芯片。以百度为例，百度推出了自主研发的云端 AI 芯片昆仑芯，目前，昆仑芯 2 代 AI 芯片已经实现量产。昆仑芯 2 代 AI 芯片在算力、通用性方面有了很大提升，能够应用于深度学习算法、自动驾驶等领域。

基于昆仑芯 AI 芯片，百度打造了昆仑芯（盐城）智算中心。该智算中心以昆仑芯为算力底座，建设了百度百舸异构计算平台、人工智能算法平台等平台，面向 AI 场景提供算力、算法等服务。同时，在大模型研发方面，昆仑芯也与一些科研机构达成了合作，帮助科研机构进行大模型的研发。

随着诸多企业在 AI 芯片方面的探索，未来，AI 芯片将持续实现技术突破，将出现性能更强大的 AI 芯片。这将填补市场中的算力缺口，可以有力推动 AIGC 产业的发展。

---

[1] 浮点运算就是实数运算，因为计算机只能存储整数，所以实数都是约数，这样的浮点运算很慢，而且也会有误差。——编者注

## 聚焦大模型研发，大模型爆发式增长

大模型研发是 AIGC 领域的竞争焦点之一。随着 OpenAI、谷歌、百度等科技巨头纷纷推出自主研发的大模型，越来越多的企业跟随这一风潮，积极推进大模型的研发。

在办公领域，印象笔记推出了聚焦办公场景的轻量化大模型“大象 GPT”。该大模型能够为知识管理、办公协作等提供助力。基于该大模型，印象笔记打造了 AIGC 产品“印象 AI”。

印象 AI 功能强大，能够完成作文书写、撰写媒体采访稿、生成广告文案等任务，还能够基于用户提问生成合适的回答。

在内容生成方面，印象 AI 能够根据用户输入的要求快速生成文章。印象 AI 的页面中有“完成”与“继续写作”两个选项，如果用户点击“继续写作”并提出要求，印象 AI 就能够根据上文继续进行内容生成。

印象 AI 能够辅助用户进行新闻采写。例如，用户向印象 AI 提问“请列出采访印象笔记需要询问的问题”，印象 AI 就会迅速给出 10 个问题，包括“印象笔记计划对人工智能的研究进行哪些投入”“印象 AI 的算法是如何设计的”等。

印象 AI 的交互设计十分独特，没有问答界面，而是为用户提供了许多场景选项。用户在已有的模板中进行选择，有利于顺利开启对话，也更能清晰地表达自身的诉求。未来，印象 AI 的交互菜单将会偏向私人定制化，来满足用户的多元化需求。

除了办公领域的印象笔记，文化传媒领域的阅文集团也打造了应用于内容创作方面的大模型。在“2023 年阅文创作大会”上，阅文集团展示了旗下 AIGC 写作辅助大模型，并讲解了其应用。

在大会现场，AIGC 写作辅助大模型回答了关于《庆余年》《全职高手》等知名网文作品的数个问题，包括情节内容介绍、角色介绍等，在回答的准确性、全面性方面都有较好的表现。

根据用户的提问，AIGC 写作辅助大模型还能够提供灵感，辅助用户进行内容创作。以创作一本玄幻小说为例，AIGC 写作辅助大模型能够根据用户的提问，给出修炼境界、宝物道具设定、门派势力等方面的详细内容，为创作者进行小说创作提供参考。

此外，AIGC 写作辅助大模型还能够帮助创作者丰富世界观设定、角色设定等多方面的细节。例如，在世界观生成方面，AIGC 写作辅助大模型能够帮助创作者设定武力值、门派势力等内容，以丰满世界观设定。

AIGC 写作辅助大模型具有丰富的词汇量和多样化的场景描述。创作者可以将大模型作为寻找词汇、素材的辅助工具，避免在描写特定场景时卡壳。

除了以上两个方面，制造企业推出工业大模型、医疗机构推出医疗大模型等也成为趋势。越来越多的细分领域企业开始进入大模型研发赛道，驱动大模型实现爆发式增长。

## 聚焦产品创新，两大路径打造新品

在 AIGC 趋势下，一些企业借助 AIGC 技术积极进行产品创新、打造新品。这一过程主要有两大路径：在原有产品中接入 AIGC 能力，提升产品智能性；推出具有 AIGC 能力的新产品，为用户带来新体验。

例如，微博表示将推出 AIGC 创作助手，为用户进行内容创作提供智能化工具。在微博内容创作方面，该 AIGC 创作助手能够学习用户的创作习惯，结合微博热点内容，生成创作灵感。该 AIGC 创作助手在用户创作文章时，可以提供标题、摘要、关键词等；在用户拍摄视频时，可以给出剪辑、特效等方面的建议；在用户直播时，还可以提供互动、推荐等方面的建议。

除了推动原有产品创新，还有一些企业致力于打造新品，例如，腾讯发布了 AI 智能创作助手“腾讯智影”，为用户提供智能创作工具。

腾讯智影提供“人”“声”“影”三个方面的 AIGC 能力。在“人”方面，腾讯智影推出了智影数字人功能，基于该功能，用户输入文本或音频内容，即可生成数字人播报视频。同时，智影数字人还能够实现形象克隆，用户只需要上传少量图片、视频素材，就能够获得自己的数字人分身，并通过数字人分身完成演讲或播报工作。此外，智影数字人还支持数字人直播，用户可以借助智影数字人和虚拟背景，实现 7 × 24 小时不间断直播。

在“声”方面，腾讯智影提供文本配音、智能变声等功能。其中，文本配音功能提供上百种音色，用户输入文本即可生成自然语音，能够应用于新闻播报、短视频创作等场景。对于用户提供的文稿，腾讯智影能够快速完成配音和发布。用户能够对配音的语音倍速、多音字、停顿等细节进行手动调整，可以让音频更自然。此外，借助变声功能，创作者能够在保留原始韵律的同时，将音频转换为指定的人声，让视频更具表现力。

在“影”方面，腾讯智影能够帮助用户提升创作效率和质量。例如，借助腾讯智影文章转视频能力，用户可以将自己创作的文章转化为视频内容。基于分段式的素材呈现方式，用户能够更加高效地处理分镜、添加特效等，可以缩短视频制作的周期，降低视频制作的成本。

未来，随着各企业对 AIGC 的研究和探索，将有更多的产品接入 AIGC 的能力，也会有更多新的 AIGC 产品出现。这将极大地降低各种产品的使用门槛，提升用户使用体验。

## Mistral AI：推进大模型及应用探索

Mistral AI 是法国的一家人工智能初创公司，是开源大模型领域的领导者。2024 年 2 月，Mistral AI 发布了旗舰大语言模型 Mistral Large。该大模型在多项测评任务中展示了卓越性能，引起了业界的广泛关注。

和此前 Mistral AI 推出的模型不同，Mistral Large 具有更强的性能、更大的体量。其支持 32k tokens 的上下文窗口，自带函数调用能力，同时具有超高的推理速度。此外，其和 OpenAI 的 GPT-4 一样，在多任务考试评测即 MMLU 考试中获得了 80 分以上的分数。

在发布 Mistral Large 的同时，Mistral AI 宣布与微软达成了战略伙伴关系。Mistral AI 获得了微软 20 亿欧元的投资，以探索新的商业机会并加速扩张。Mistral AI 将自己的大模型在微软的 Azure 平台上进行托管，借助 Azure 的强大算力，Mistral AI 能够进一步升级大模型的性能并扩大其适用范围。

除了大模型方面的研发，Mistral AI 也对大模型相关应用进行探索。例如，其推出了一款 AI 对话助手 Le Chat。Le Chat 基于 Mistral AI 旗下的大模型而构建，能够与用户互动。Le Chat 支持多种语言，如英语、法语、西班牙语等。同时，其也具有系统级调节机制，在对话可能产生敏感内容时，会适时提醒用户。

当前，Mistral AI 正在积极推进 Mistral Large、Le Chat 的升级迭代。未来，Mistral AI 将推出更具吸引力的大模型和产品解决方案，完善大模型应用生态。

# 第五章

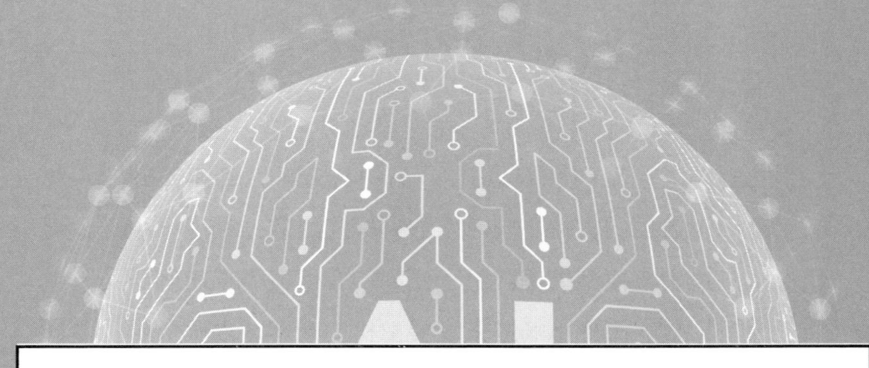

# 数据服务：AIGC 数据需求引爆服务

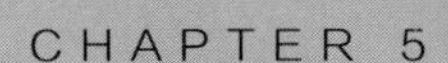

大模型训练、AIGC 产品的打造等，都离不开海量数据的支持。同时，数据标注、数据处理等服务也为大模型训练提供了便利。在巨大需求的刺激下，数据服务市场迎来发展契机。众多数据服务供应商都敏锐地捕捉到了这一机遇，积极布局相关业务，不断探索数据服务的新模式，为大模型的训练和开发提供全方位的支持。

# 第一节
# AIGC 持续发展，持续提升数据需求

AIGC 技术不断进步，应用领域不断拓展，对数据的数量和质量提出了更高的要求。这一趋势不仅推动了数据标注、数据服务等相关服务的迅速发展，也为相关领域的企业带来了全新的发展机遇。这些企业在新机遇的引领下，不断创新服务模式，提升服务质量，共同推动着数据服务市场的繁荣与进步。

## 数据标注服务获得发展

从大模型研发到 AIGC 应用落地，都需要高质量、专业化场景数据的支持，而作为底层基础服务，数据标注迎来了新的发展机遇。

数据标注指的是对原始数据进行分类、注释、标记等操作，将数据转换成机器可识别信息的过程。数据标注服务商往往需要完成数据集结构设计、数据处理、数据质检等工作，为客户提供训练数据集、定制化数据等服务。

数据标注服务在推动大模型开发方面扮演着重要角色。一些迭代后的大模型之所以能够在原版本的基础上实现跨越式

升级，正是基于高质量的标注数据进行训练的。高精度、高质量的标注数据，成为推动大模型发展的重要力量。

在相关需求的刺激下，数据标注服务大获发展，数据标注服务商积极布局数据标注业务。以百度智能云为例，当前，百度智能云已经在全国建立了十余个数据标注基地。数据标注基地承接大模型相关业务，能够对大模型生成的内容进行评分并排序，而大模型通过学习这些人类反馈数据，能够进一步提升内容生成能力，具备更强的智能性。除了助力大模型训练，数据标注基地还将在未来推出模型评估服务，推动大模型的迭代与优化。

同时，数据标注基地通过引入标准化培养体系，积极推进 AI 训练师、模型精调师等人才的培育，打造人工智能数据服务人才矩阵。此外，基于百度的技术与生态优势，数据标注基地还提供创业帮扶服务，为数据标注企业的孵化、成长提供助力。

在百度智能云这样的大型数据标注服务商的推动下，数据标注产业将加快集群化发展的步伐，产业生态也将越来越完善。

## 数据资源服务需求爆发

随着 AIGC 的发展，数据资源服务需求爆发。一些提供海量数据集、数字内容服务的数据资源服务商迎来了新的发展机遇。

以中文在线为例，作为知名的数字内容供应商，中文在线构建了丰富、完善的数字内容生态，拥有海量的音频、视频、动画等数字内容资源，能为大模型研发提供源源不断的数据资源。由此，中文在线开辟了一条新的发展道路，即挖掘内容的数据要素属性，积极推进大模型研发，实现数据资源在新场景的商业变现。

中文在线积极拥抱 AIGC 时代，持续推进多样化的产品落地。中文在线的产品覆盖文本、图像、音频、视频等多种形式，以及大模型开发、多模态 IP（Internet Protocol，网络之间互联的协议）衍生等新业态。

基于海量数字内容的优势，中文在线成为企业研发大模型的重要合作伙伴。当前，中文在线已经与智源研究院达成合作，为其研发大模型提供数据资源服务。

智源研究院是一家专注于人工智能领域的研发机构，在 2021 年 3 月发布了国内首个超大规模的智能模型“悟道 1.0”，同年 6 月发布了参数高达 1.75 万亿个的“悟道 2.0”大模型。这是当时首个参数达万亿级的模型，具有重大意义。2023 年 6 月，智源研究院推出了“悟道 3.0 大模型”，进入大模型开源的新阶段。

中文在线能够为智源研究院提供多种多样的应用场景，助力大模型落地。中文在线拥有丰富的行业经验，在文字、音频、视频等多个领域进行深入探索，具有承载 AIGC 产品落地应用的实力。

在达成合作后，中文在线与智源研究院从数字文化内容生成与研发两个方面入手，打造聚焦于数字文化内容生产的垂类小模型，并推动其落地应用。双方的合作有效提高了数字文化内容的创作效率和内容的丰富性，拓展了 AIGC 的应用场景。

除了智源研究院，中文在线还与华为云、澜舟科技等企业达成合作，共同推动 AIGC 内容生态繁荣发展。总之，在 AIGC 浪潮下，中文在线凭借数据资源优势成为众多企业开发大模型、推动 AIGC 落地应用的重要合作伙伴，为其进行 AIGC 探索提供了必要的数据资源支持。

# 第二节 合成数据满足 AIGC 数据需求

合成数据指的是基于 AI 产生的非真实数据，能够代替真实数据用于大模型训练与测试。除了降本增效，合成数据还能够补充更多场景数据，提升训练数据的完整性。基于诸多优势，合成数据成为数据服务领域的焦点赛道，受到了广泛关注。

## 合成数据四大优势

在打造大模型和 AIGC 应用的过程中，数据是必不可少的资源，同时，优质数据也有利于推动大模型和 AIGC 产品的迭代升级。因此，在 AIGC 探索过程中，企业需要准备丰富的数据资源。在这方面，合成数据能够为企业提供海量且高质量的数据，助力企业进行大模型训练与 AIGC 产品开发。

合成数据具有以下四大优势，如图 5-1 所示。

### 1. 高效率

借助大模型和 AIGC 应用，企业可以在短时间内生成大量

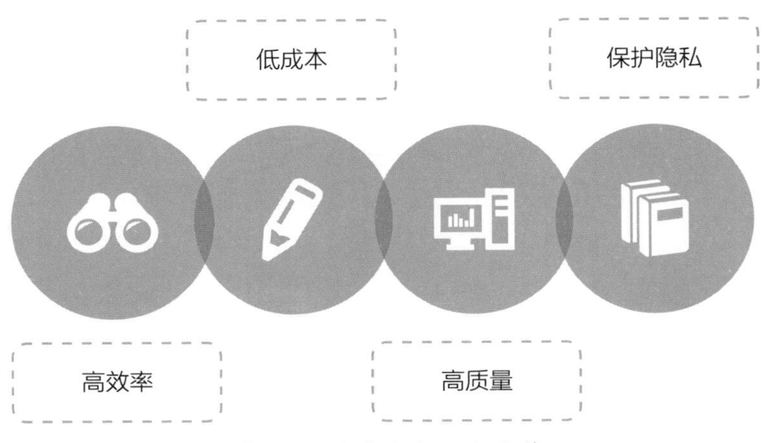


图 5-1 合成数据四大优势

合成数据。合成数据具有原始数据的统计特征，但又与原始数据毫无关联，有利于研究者和开发者分享和使用。例如，极端路况较为少见，企业难以收集到真实数据，但企业在测试自动驾驶汽车时需要使用相关数据。在这种情况下，企业便需要使用合成数据，以提高工作效率。

## 2. 低成本

当前，数据存量的增长速度远低于数据集规模的增长速度，而大模型训练对数据有着旺盛的需求。未来，用于模型训练的高质量数据可能会被耗尽。高质量数据集稀缺大幅度提高了数据采集的成本，而合成数据能够减轻企业对高质量数据集的依赖，降低数据采集的成本。

### 3. 高质量

合成数据能够保证数据质量。合成数据能够对边缘案例进行补充，同时，还能够通过深度学习算法合成一些较为稀有的样本，来保障数据的多样化。

### 4. 保护隐私

在互联网时代，数据的保密性、安全性十分重要，许多企业都非常注重保护用户隐私，而合成数据能够有效保护用户的隐私。例如，医疗企业能够在保护用户个人隐私的情况下，借助合成数据进行模型训练并完成药物研发工作；金融企业可以利用合成数据训练交易模型或者训练客服机器人，来提升用户体验。

合成数据拥有巨大的使用价值。在高质量真实数据越来越难以获取的当下，用合成数据帮助更多企业进行模型训练，是一个不错的数据解决方案。

## 多场景应用助力模型训练与算法生成

合成数据能够应用于工业、自动驾驶、机器人等诸多场景，并为模型训练、算法生成助力。

### 1. 工业

在工业领域，合成数据能够将之前不能被用于训练的数据转化为可用数据，提升数据的丰富性。例如，利用合成数据，可以将生产中的工艺流程数据结合知识图谱转化成供大模型学习的工业数据，来提升模型训练语料的丰富性。

### 2. 自动驾驶

为了保证自动驾驶模型算法的准确性，企业需要大量的真实数据用于模型训练。这些数据在使用前需要经过标注、处理。

而合成数据能够解决自动驾驶系统测试在场景和成本方面面临的问题。合成数据能够生成现实世界中难以采集的数据，解决数据缺乏、数据质量的问题，帮助企业节约成本。企业将合成数据用于自动驾驶算法训练，能够有效提高算法的准确性与可靠性。

### 3. 机器人

合成数据在机器人训练方面具有重要作用。例如，研究人员想要研发一款全新的手术机器人，作用是在手术中正确放置机械，那么就需要进行大量的数据训练。在这种情况下，研究人员可以通过模拟机器人在各种手术中的表现生成大量数据，不断提升手术机器人的性能。

基于合成数据训练的算法与基于真实数据训练的算法的效果相当，严格来说，合成数据更加灵活、高效，成本也更低。

合成数据解决了数据缺乏的问题，具有诸多优势与巨大的应用潜力，能够为产业发展提供支撑。随着合成数据技术的发展与企业的深度应用，合成数据的质量与可靠性将会进一步提高，并可以在更多领域发挥重要作用。

# 第三节
# 合成数据业务引发企业关注

合成数据在 AI 算法研发、大模型训练方面具有重要价值。当前，已经有不少企业开始布局合成数据业务，并取得了一些初步成果，英伟达、微软、海天瑞声、浪潮信息等都是其中的佼佼者。

## 英伟达：为机器人训练打造“数据粮仓”

AIGC 产业的发展对数据有着庞大的需求，而现存数据资源难以满足这一需求。于是，一些企业开始布局合成数据业务，为大模型训练、机器人训练等提供数据资源。

在这方面，英伟达以智能系统为机器人训练打造“数据粮仓”。在一项研究论文中，介绍了英伟达能够生成合成数据的 MimicGen 系统。该系统能够基于人类示范，自动生成海量的机器人训练数据集，覆盖诸多任务场景，如组装物品、倒咖啡等，同时还能够生成长时程任务训练数据、现实世界场景数据等。

当前，现有数据资源有限，且数据收集耗时费力，成本较高。而 MimicGen 这样的智能系统，仅需要少量示范数据，就能够生成丰富的数据集。这些数据覆盖多个机器人应用场景、不同的机械臂操作等，支持机器人进行多种能力训练，以完成长时程、高精度的任务。这能够大幅提升机器人的训练效率和训练效果。

合成数据为机器人训练提供了海量的数据，将有力促进机器人技术的发展。未来，英伟达将持续推进在合成数据方面的探索，以合成数据助推 AIGC 的发展与应用。

## 微软：以合成数据训练模型

微软在合成数据方面也进行了积极探索，其提出的方法是利用大语言模型生成文本数据，然后用这些数据训练模型，使其理解自然语言。这种方法的优势是不需要真实的数据就能够进行模型训练，训练过程也更高效。

在生成合成数据方面，微软的研究团队借助 GPT-4 等大语言模型生成合成数据。大语言模型在大量文本数据的基础上进行了预训练，具有强大的语言生成能力。选定模型后，研究团队设定了一系列任务与提示，引导大语言模型生成特定类型的文本。通过有针对性的引导，大语言模型能够生成各种主题、风格的文本，而且文本质量较高，并能够模拟现实世界的对话场景。

生成丰富多样的文本数据后，还需要对这些数据进行筛选与优化，以提升数据质量。同时，这些数据需要进行清洗和格式化，修正错误数据，删除重复数据，以保证数据符合训练需要。

通过以上方法，研究团队获得了大量高质量合成数据。基于合成数据，研究团队对模型进行了训练、优化。研究结果表明，使用合成数据训练的模型在文档检索、多种语言生成等方面具有良好表现，在多方面具有很强的适用性。

通过以上方法获得的合成数据具有诸多优势。一方面，合成数据能够覆盖更多的场景，包括现实世界中可能很少出现的情况。这有助于模型进行更加全面的学习。另一方面，合成数据还具有更强的灵活性和可扩展性。研究团队能够精准控制数据集的分布、复杂性等，针对特定的研究需求定制特定数据。

## 海天瑞声：双管齐下，发展数据业务

海天瑞声自成立以来就专注于 AI 领域，提供 AI 训练数据解决方案，为企业训练大模型提供各种数据集。在 AIGC 时代，数据资源变得越来越重要，海天瑞声积极拓展业务，开放数据集并打造数据标注平台，以增强自身的核心竞争力。

### 1. 开放数据集，打造 AI 开放生态

开放的生态是 AI 发展的重要驱动力。无论是 AI 算法的优化还是模型的训练，都需要高质量、内容丰富的数据集，基于

此，共享数据集的重要性就凸显出来。海天瑞声宣布将开放多模态数据集，积极构建 AI 开放生态。开放数据集可以为用户提供更多高质量数据样本，推进算法研究与模型训练，催生更加精准、更高垂直度的大模型。

海天瑞声开放的“DOTS-MM-0526”数据集，是一个多模态数据集，包括语音、图像、音频等多个维度的数据。海天瑞声希望通过这一行为与全球的从业者拉近距离，与他们形成合作关系，共同推动行业发展。

### 2. 开发自动驾驶数据标注平台

自动驾驶的实现离不开基于海量数据构建的强大的数据链驱动系统。而该驱动系统的高效运转离不开数据采集、管理、标注等环节的相互配合。

海天瑞声着重布局自动驾驶领域并将该领域作为凸显其技术实力的关键，推出了全栈式数据标注平台——DOTS-AD 自动驾驶数据标注平台。该数据标注平台专门针对自动驾驶场景设计，能够完成多个自动驾驶数据标注任务，有效提高数据标注效率。该数据标注平台容量极大，能够支持上万人进行操作，提升数据标注的功效。

DOTS-AD 自动驾驶标注平台主要有四大功能：一是支持自动驾驶领域 2D、3D、4D 等维度的图像数据标注；二是能够进行辅助标注或自动化标注，涵盖多个场景；三是能够对项目进行柔性管理，支持工具、标签等工作组件进行自定义设置；

四是能够对数据进行智能化管理，保障用户的数据隐私安全。

AIGC 的发展为海天瑞声提供了更多机会。未来，海天瑞声将会持续打造技术壁垒，形成竞争优势，以在激烈的市场竞争中占据有利地位。

## 浪潮信息：向底层技术探索，推出大模型

浪潮信息是我国知名的云计算、大数据服务商。在提供多样性数据服务的同时，面对 AIGC 的发展趋势，浪潮信息果断入局，探索 AIGC 底层技术，并推进大模型的研发。

“源 1.0”是浪潮信息推出的初代大模型，具有强大的学习能力，能够作为算法基础设施应用于各个场景，可以提高工作效率。例如，在智能客服场景中，传统的智能客服只能根据用户的提问在知识库中搜索答案，而搭载“源 1.0”的智能客服能够对知识库中的知识进行理解与分析，并给出更加精准的回答。

在推出“源 1.0”大模型后，浪潮信息于 2023 年 11 月推出了“源 2.0”大模型，并宣布模型开源。在算法、数据等方面，“源 2.0”大模型改进了训练方法，有效地提升了大模型在推理、内容生成等方面的能力。

在算法方面，“源 2.0”大模型采用了新的注意力算法结构，让大模型在使用更少算力、拥有更小参数的同时，可以获得更高的模型精度与“涌现能力”。在数据方面，“源 2.0”大

模型在训练过程中降低了互联网语料的内容占比，增加了书籍、论文等专业内容的占比，同时对数据进行了高效的清洗，为大模型训练提供了高质量、专业的数据集。

在性能方面，“源 2.0” 大模型在代码生成、数学问题推理、对话问答等方面的评测中展现出了优秀的能力。“源 2.0” 大模型的开源，不仅实现了大模型能力的共享，也为其他大模型开发者、研究机构、科技企业等提供了探索大模型的底座。

未来，浪潮信息将持续推进大模型探索，提升大模型能力，为更多企业大模型能力的落地和技术探索提供助力。

# 第六章

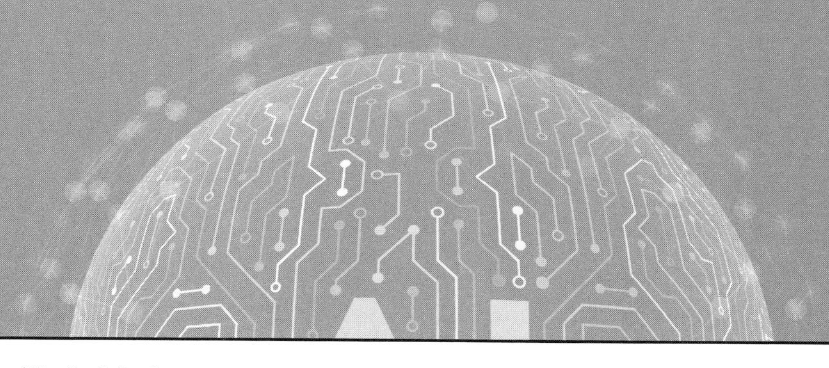

# 线上社交：AIGC 变革用户社交体验

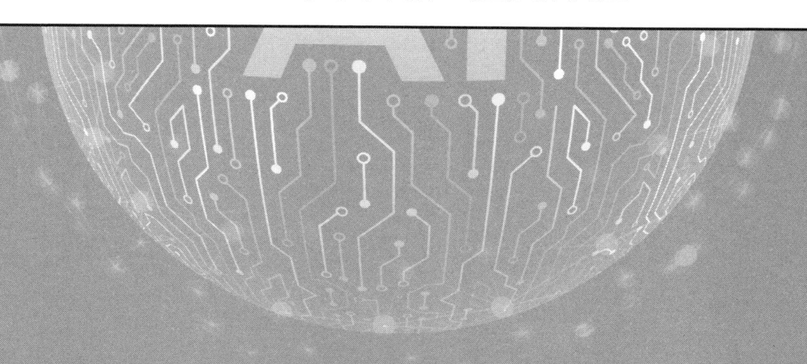

CHAPTER 6

社交领域内容为王，社交应用探索新的社交玩法能够激活并留存用户。AIGC 与社交的结合能够产生新的社交内容与社交玩法，给用户带来智能化、沉浸式的社交体验。当前，已经有不少社交平台进行了 AIGC 探索，并因此获得了新一轮发展。

# 第一节 AIGC 带来的社交改变

AIGC 带来了多样化的社交改变。它不仅为用户提供了创作工具，满足了用户的社交内容创作需求，还带来了新奇的社交交互体验。此外，AIGC 也引发了社交应用的变革，使社交应用能够为用户提供更加优质的体验。

## 赋能用户社交内容创作，满足创作需求

在社交过程中，用户往往会创作文字、图像、音视频等多样化的社交内容，而 AIGC 能够为用户打造多样性的内容创作工具，支持用户进行多种社交内容的创作。当前，不少社交平台、内容创作平台等都在这方面进行了探索。

例如，抖音旗下的视频编辑应用剪映推出了用文生图 / 视频的 AIGC 工具 Dreamina，以帮助用户进行图像创作。基于用户输入的文字要求，Dreamina 能够自动生成不同风格的创意图，供用户选择。同时，用户还可以自行调整图片的大小比例、图片模板类型等。该 AIGC 工具将用于抖音的图文、短视频创作领域，为用户进行社交内容创作提供助力。

除了抖音，美图也推出了 AIGC 工具，为用户提供多种创作方式。2023 年 5 月，美图旗下应用美图秀秀上线了美图 AI 频道，包括 AI 绘画、AI 视频等功能，为用户产出多样的社交内容提供助力。

AI 绘画功能为用户提供文生图、图生图、头像制作、线稿上色等多种创作方式，帮助用户将想法轻松地转化为图像。借助该功能，用户能够获得创意图片、个性化的头像、更完善的绘画作品等，丰富社交素材。

AI 视频功能能够转变视频表现形式，将真人视频转化为动漫化作品。同时，用户还可以通过画质修复、分辨率提升等功能改善视频质量。此外，针对夜间拍摄的视频，夜景提升功能能够增强光线与细节，使夜景更加清晰、生动。

美图 AI 频道的上线，使得美图秀秀集多种 AIGC 功能于一身，为用户提供了统一的 AIGC 功能入口与多样化的 AIGC 功能。这为用户进行社交内容创作提供了一个智能平台。

AIGC 能够从多方面满足用户的社交内容创作需求。一方面，AIGC 能够根据用户输入的关键词或要求，智能生成符合用户需求的社交内容。在内容生成过程中，AIGC 能够与用户进行多轮交互，了解用户的细化要求、偏好等，对生成的内容进行优化，使生成的内容更符合用户的需求。另一方面，AIGC 能够实现文本内容、图像内容、视频内容等多种内容的生成。对于用户提出的内容创意，AIGC 能够对生成内容进行个性化的呈现，能更好地表达创意。

总之，AIGC 不仅能够辅助用户快速创作社交内容，还能够提升社交内容的丰富性。在多样 AIGC 创作工具的支持下，用户内容创作与社交的体验将会进一步提升。

## 虚拟社交，带来智能社交体验

当前，基于虚拟形象、虚拟社交场景的虚拟社交成为用户社交的重要形式。而 AIGC 的应用，将进一步推动虚拟社交的发展，为用户带来更加智能化的虚拟社交体验。具体而言，AIGC 将从以下方面给虚拟社交带来变革，如图 6-1 所示。

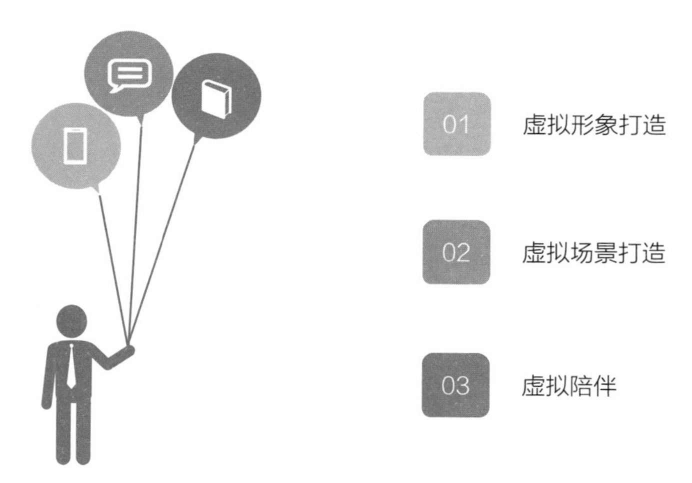


图 6-1 AIGC 给虚拟社交带来的变革

### 1. 虚拟形象打造

当前，以虚拟形象进行社交已经成为社交圈的时尚，社交平台 Soul、快手等都上线了虚拟形象打造功能。Soul 支持用户自定义虚拟形象，并以虚拟形象进行社交；快手支持用户打造虚拟形象以进行直播互动。

此外，拥有虚拟形象打造功能的 AIGC 应用妙鸭相机也受到了用户的追捧。通过上传自己的照片并选择自己喜欢的模板，用户就能够获得自己的虚拟形象。其原理是基于 AIGC 技术捕捉用户照片中的关键信息，与用户选择的模板相结合，生成不同风格的虚拟形象。

### 2. 虚拟场景打造

虚拟场景是用户以虚拟形象进行虚拟社交的重要依托。当前，一些支持虚拟社交的平台往往拥有多样的虚拟社交场景，支持用户在虚拟场景中举办派对、玩游戏等。在 AIGC 技术的支持下，用户打造虚拟社交场景成为可能。借助 AIGC 工具，用户可以自行创建、改变虚拟社交场景，获得更加自由的社交体验。

当前，Soul 在这方面已经进行了尝试，推出了自主研发的 NAWA 引擎。该引擎集成了 AI、渲染、图像处理等技术，能够支持用户打造虚拟场景。

### 3. 虚拟陪伴

社交的本质是连接与陪伴，即用户所需要的是恰到好处的陪伴。而基于 AIGC，社交场景中其他的虚拟人物、虚拟宠物等，都将具备更强的智能性，能够与用户进行智能化交互。社交平台甚至能够基于用户的兴趣、年龄、其他背景等，为用户打造专属 AIGC 虚拟伴侣，满足用户的聊天、陪伴需求。在 AIGC 的支持下，虚拟伴侣不仅能够和用户聊天、玩游戏等，还能够提供情绪化建议，给予用户情感关怀。

总之，在 AIGC 的支持下，虚拟形象打造、虚拟场景打造、虚拟陪伴等都将可能实现，从多方面给用户带来智能化的虚拟社交体验。

## 社交应用重构，升级体验

AIGC 能够重构社交应用，实现社交应用的智能化迭代，增强用户的社交体验。具体而言，AIGC 能够从以下方面重构社交应用，如图 6-2 所示。

### 1. 个性化体验增强

AIGC 能够帮助社交应用更准确地理解用户需求，为用户提供个性化的服务。通过分析用户搜索记录、浏览历史等，AIGC 能够判断用户的兴趣和偏好，进而向用户推送其感兴趣

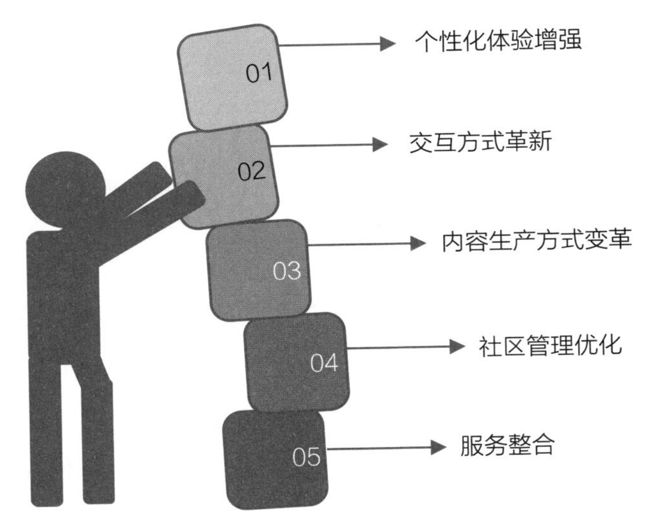


图 6-2 AIGC 重构社交应用的五个方面

的内容。这能够提高用户的使用体验。

## 2. 交互方式革新

AIGC 能够让社交应用的交互方式更加便捷。用户能够通过文字、语音等方式与社交应用进行交互，而社交应用能够理解用户意图并做出回应。这降低了用户使用社交应用的门槛，让用户能够轻松地进行社交互动。同时，基于 AIGC 支持的自动回复、智能客服等功能，社交应用能够为用户提供更加完善的社交服务。

## 3. 内容生产方式变革

AIGC 改变了社交应用的内容生产方式。传统社交 App 主要依靠简单算法、用户创作等产生社交内容。而 AIGC 可以通过自然语言处理、深度学习等技术，自动生成高质量的社交内容。这能够使社交应用更准确地把握用户的需求，生成高质量的内容。同时，在用户创作社交内容的过程中，AIGC 能够为用户提供创作工具，提高用户内容创作的效率，更好地帮助用户将创意变为现实。

### 4. 社区管理优化

AIGC 能够帮助社交应用进行社区管理。AIGC 能够通过数据分析，识别出社区的热点话题、讨论趋势等，引导用户参与讨论。这能够使用户保持对社区的新鲜感，提高用户对社区的黏性。

### 5. 服务整合

AIGC 能够助力社交应用与其他服务整合。例如，借助 AIGC 技术，社交应用可以智能连接电商、健康、娱乐等服务，实现多样化服务的融合，构建更加完善的生态系统。这不仅为用户带来了更加便捷的使用体验，还使社交应用有了更广阔的发展空间。

总之，AIGC 为社交应用带来了多重变革，催生了更多新的社交玩法，也更新了用户的社交体验。

# 第二节
# 新时代社交新特点

AIGC 时代的社交呈现出了强开放、强社交、商业化三大特点。用户能够在开放的社交场景中体验多元化的社交玩法，社交平台也能够以 AIGC 商业化探索打开新的发展空间。

## 强开放：打造开放的社交生态

当前，尽管市场中出现了越来越多的社交平台，但仍有一部分用户不喜欢发表社交动态、主动进行社交。而 AIGC 时代的社交更加开放，能够给用户带来更加自由的社交体验。

一方面，基于虚拟形象、虚拟场景等，用户能够与其他人在无压力的环境中进行虚拟社交。在虚拟社交场景中，用户不会被现实条件、标签定义，能够更加自在地表现自己，来寻求审美、文化等多方面的认同。

同时，社交平台不再有地域、年龄等方面的限制，而是以强大的 AI 算法为用户匹配兴趣相投的好友，帮助用户结交更多志同道合的朋友。这能够让用户在茫茫人海中找到知音，使用户的生活更加丰富多彩。

另一方面，社交场景也更加开放。社交平台能够引入更多功能，如游戏、购物等。在社交过程中，用户能够体验多样化的 AIGC 游戏，还能享受商品个性化推荐服务。基于 AIGC 工具，用户能够自由创建社交场景、游戏场景等，实现社交场景的拓展。

除了社交平台，购物平台、各类生活服务平台也积极拓展社交功能。例如，很多平台都推出了更加智能的 AI 机器人。这些 AI 机器人除了能够为用户提供购物信息、专业问答服务，还能够与用户进行自然的互动。这有效增强了这些平台的社交属性。

小冰公司在淘宝上线了小冰旗舰店，为用户提供多样的虚拟陪伴服务。旗舰店中上线了数十位虚拟偶像，为用户提供语音、视频、游戏等多种互动服务，还为用户提供情绪价值。未来，小冰公司还将邀请更多二次元、古风等各种风格的虚拟偶像入驻，满足用户对虚拟偶像的个性化需求。

总之，AIGC 在社交领域的落地能够打造更加开放的社交生态，用户能够在社交平台进行更加自由的社交，社交的范围也将进一步拓展。

## 强社交：AIGC 带来多样社交玩法

AIGC 与社交领域的深度融合将带来多样的社交玩法，展示出多元社交场景中社交互动的更多可能性。

以社交平台 Soul 为例，基于对 AIGC 技术的探索，Soul 在平台中上线了多样的社交玩法，增强了用户的社交体验。

Soul 在游戏场景“狼人觉醒”中引入 AI，这意味着，以往需要用户扮演的游戏角色，如今可以由 AI 扮演。AI 可以扮演游戏中的任何角色，具备伪装、领导、对抗等能力，能够与用户进行自然交互。这能够提升用户的游戏体验。

在音乐社交场景中，Soul 也打造了新奇的互动玩法。2024 年 2 月，Soul 推出了“懒人 KTV”活动。用户可以录制自己的音频，打造专属声音模型，并通过 AI 唱歌模式，一键合成个性化的音乐作品。除了单人演唱，此次活动还支持 AI 合唱。用户可以与好友一起完成音色克隆，打破时空界限实现“合唱”，获得新奇、有趣的音乐社交体验。

创新音乐玩法的背后，体现了 Soul 对 AIGC 的布局。Soul 推出了自主研发的音乐创作引擎“伶伦”。该引擎具备强大的音频深度学习能力，在音域控制方面，该引擎升级为多人多尺度自适配模型，保证多人合成的相似度；在歌声合成方面，该引擎升级为先进的去噪扩散概率模型，提升了合成音乐的音质。此次“懒人 KTV”活动中的 AI 合唱功能就是基于“伶伦”引擎实现的。

基于 AIGC 音乐创作能力，“伶伦”引擎支持用户生成 AI 音乐作品，降低了用户以音乐表达自我、进行社交的门槛，满足了用户对差异化社交、沉浸式社交的需求。

总之，AIGC 与社交的结合，能够为用户提供多样的社交互动模式，帮助用户建立社交关系，沉淀社交连接。

## 商业化：Snap 推进 AIGC 商业探索

在 AIGC 的助推下，很多社交平台实现用户社交与商业化的结合，在社交中融入更多商业化元素。基于此，社交平台打通了新的赢利渠道，发展空间进一步拓展。当前，科技公司 Snap 已经在这方面进行了探索。

Snapchat 是 Snap 旗下的一个熟人社交平台，覆盖全球 20 多个国家和地区。用户可以在 Snapchat 中发布照片或视频，与家人、好友进行互动与分享。海量年轻用户的聚集使得 Snapchat 成为企业品牌营销的重要阵地。

基于对 AIGC 技术的探索，Snapchat 上线了智能聊天机器人 My AI。My AI 自上线后就受到了用户的广泛欢迎，在用户群体中积累了超高的人气与热度。许多用户积极与 My AI 互动，向 My AI 询问关于生活的建议，与 My AI 讨论感兴趣的美食、旅游、运动等话题。

在推出 My AI 后，Snap 积极尝试在 My AI 中引入推广链接，以连接品牌与用户。2023 年 9 月，Snap 宣布将携手微软广告升级 My AI 中的推广链接服务，推进 AIGC 的商业化探索。在微软广告 Ads for Chat API 的支持下，My AI 能够根据与用户的对话向其推送相关的品牌服务，帮助品牌触达目标用户。

这一探索带来了新的商业机遇。在社交互动过程中，My

AI 能够基于用户的偏好、需求等，将品牌服务内容无缝植入与用户的对话中，既能够帮助品牌找到目标用户，又能够以更自然的方式推广品牌服务。而 Snap 也能基于推广服务获得更多收益。

总之，AIGC 与社交平台的结合将为社交平台打开新的发展空间，为社交平台带来更多收益。除了引入推广服务，未来，社交平台还可以结合 AIGC 技术积极探索其他可能的商业化途径，打通更多赢利渠道。

# 第三节
# 社交领域企业加深 AIGC 探索

随着 AIGC 在社交领域的应用，越来越多的企业看到了它的价值，加深了对 AIGC 的探索。一些企业推出了 AI 聊天机器人，并积极布局大模型，以丰富社交平台的 AIGC 功能。在很多企业的积极布局下，新的 AIGC 智能交互产品不断涌现。

## 推出 AI 聊天机器人，满足用户沟通需求

AIGC 与社交的融合给社交方式带来变革。在 AIGC 的支持下，与用户进行社交的对象不再只仅限于真实人类，还可以是机器人。

当前，具备聊天与虚拟陪伴功能的 AI 聊天机器人迎来了爆发式增长，不少社交平台都推出了自己的 AI 聊天机器人。例如，Soul 在社交平台中上线了 AI 聊天机器人——“AI 苟蛋”；抖音计划在平台上线 AI 聊天机器人“抖音心晴”。

以 AI 苟蛋为例，自上线后，AI 苟蛋迅速成为深受用户喜爱的虚拟伙伴。AI 苟蛋具备多模态、时间感知等多方面的能力，能够对图片、文字等进行回复，与用户进行文本式游戏化

互动。例如，对于用户发布的聚餐照片，AI 苟蛋能够凭借时间感知能力、图片识别能力等，“猜到”这是用户的生日聚餐，并主动为用户送上祝福。同时，它还能够基于与用户的历史聊天记录，打造具有个人专属记忆的虚拟伙伴。

用户与 AI 苟蛋对话，能够收获超出预期的情绪价值。例如，用户在平台中分享自己的考研成绩，AI 苟蛋会留言“你真棒，努力会得到回报”“未来路还长，要继续加油”等。对于很多日常生活中的问题，AI 苟蛋都能够对答如流，与用户进行自然、持续的对话。

在 AIGC 的加持下，AI 聊天机器人具备智能化的能力，能够主动与用户进行拟人化的互动、沟通，给予用户情感关怀。这为社交平台的发展指引了方向。未来，将有更多社交平台致力于打造出更加智慧的 AI 聊天机器人，力求实现更加自然的情感交互，为用户带来前所未有的社交体验。

## 布局大模型，升级 AIGC 社交功能

AIGC 在内容生成方面具有巨大潜力，是社交平台升级的重要抓手。在 AIGC 潮流下，一些企业瞄向 AIGC 的底层技术，推进大模型的研发与应用。

2023 年 12 月，Soul 推出的大模型 SoulX 正式上线。作为布局“AIGC+ 社交”的基础，SoulX 将应用于 AI 辅助聊天、虚拟陪伴等领域，能够丰富用户的社交体验。

基于 Soul 对海量社交数据的积累和模型训练，SoulX 具备条件可控生成、多模态理解等能力，同时通过训练数据安全筛选、推理拦截等策略构建安全体系，能够在生成自然、流畅的对话的同时保证内容的安全性。

Soul 基于海量社交数据持续训练迭代 SoulX，SoulX 为 Soul 在“AIGC+ 社交”道路上的探索提供底层技术支持。除了支持智能对话，SoulX 还加速了游戏场景、数字分身等场景中的体验优化与 AIGC 应用落地。

除了 Soul，快手也积极在大模型领域布局，推出自主研发的大模型“快意”。该模型在语言理解与生成方面能力强大，支持内容创作、问题咨询、数学推理、多轮对话等任务。快手持续推进大模型的迭代，不断提升大模型的多模态能力，并推动大模型在更多场景中落地。

此外，腾讯、字节跳动等企业都在大模型研发与社交应用方面进行了探索。腾讯推出了混元大模型，将陆续实现旗下业务与大模型的对接。当前，微信搜一搜功能已经接入混元大模型，提升了搜索的智能性。字节跳动打造了大模型服务平台“火山方舟”，并开启了 AI 对话产品的测试。

未来，随着 AIGC 产业规模的扩大，社交领域将迎来新的发展。社交领域的企业需要在新市场中锚定自己的发展方向，抓住发展机遇。而布局大模型，以大模型能力提升社交应用的智能性就是一种可行的发展路径，值得更多企业关注。

## 美团：上线 AI 智能交互产品

美团在 AIGC 领域早有布局，除了在企业内部组建算法团队探索大模型，2023 年 6 月，美团还正式收购以大模型研发为主要业务的 AI 创业公司光年之外，壮大了自身在大模型研发方面的实力。美团表示，收购完成后，将支持光年之外团队继续进行大模型研发。

当前，AIGC 社交火热发展，越来越多的企业进入这一赛道。美团也将目光转向 AIGC 赛道，推出了 AI 智能交互平台“Wow”。Wow 是一个专属年轻用户的 AI 朋友社区，聚焦 AI 陪伴场景，为用户提供情感陪伴。Wow 平台中有多样的 AI 伙伴和社交场景，用户可以与古代剑客畅聊江湖中的爱恨情仇，与可爱宠物解锁生活中的温情时刻，与苏格拉底探讨人生哲学，能够获得多样化的社交体验。

用户可以敞开心扉，向 AI 伙伴倾诉生活中的困难、情感方面的烦恼等。这样用户不仅可以纾解心情，还能获得有效的生活建议。例如，当用户面对一些难以应对的沟通场景时，可以与 AI 伙伴对话，学习在不同场景中与他人进行高情商沟通的技巧。

用户与不同的 AI 伙伴聊天，会创建不同的对话。这些对话都会保存在聊天频道，以方便用户回顾与查找。基于 AIGC 技术的支持，AI 伙伴具备精美的形象、高度拟人化的声音，能够实现拟人化、自然流畅的对话效果，极大地提升了用户的使用体验。

未来，随着美团 AIGC 布局的深入和技术的持续迭代，Wow 将实现升级，AI 伙伴将更加智能，能够与用户进行更丰富、多样化的对话。此外，Wow 还可能融入文生图、图生图等多样的 AIGC 玩法，丰富用户的聊天体验。

# 第七章

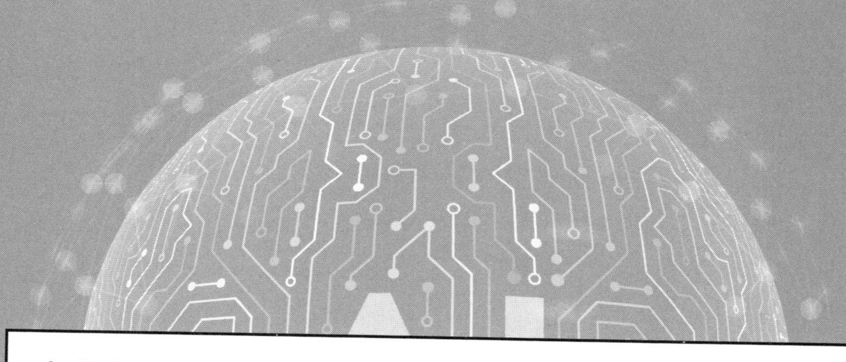

# 文化娱乐：AIGC 打造文娱新场景

CHAPTER 7

在文化娱乐领域，AIGC 能够赋能企业、用户进行文娱内容创作，提升文娱内容创作效率和内容的丰富性。在内容生产方式变革的推动下，文娱产业将迎来新的发展契机，深刻影响游戏、音视频、文旅等领域的发展。

# 第一节 AIGC 助推游戏变革

在游戏领域，AIGC 将深刻变革游戏生产与游戏体验。除了游戏开发者能够借助 AIGC 进行更高效的游戏开发，玩家也能够参与到游戏开发中来，提升游戏内容的丰富性。同时，AIGC 还能够催生多样化的游戏玩法，提升游戏的沉浸感，为玩家带来更好的体验。

## 融入游戏生产，提升研发效率

AIGC 在游戏方面的重要应用场景之一就是游戏生产，可以提升游戏研发的效率。这主要体现在游戏美术制作与游戏策略生成等方面。

以往，为了提升游戏的视觉体验，游戏开发者需要投入大量时间与资源进行游戏美术制作。这无疑拉长了游戏制作周期，游戏制作成本很高。而借助 AIGC 工具，游戏开发者能够大幅提升效率并降低成本。

例如，游戏开发者可以借助 Midjourney、Stable Diffusion 等 AIGC 工具，生成符合自己需求的美术初稿，再进行手绘修正。游戏开发者也可以借助这些 AIGC 工具进行手绘线稿的上色、绘画风格转换等，能够得到更加完善的美术作品。

除了游戏美术制作，AIGC 还能够辅助开发者进行游戏策略生成。例如，游戏开发者在 AIGC 工具中输入游戏基本信息，如游戏设定、游戏战斗模式、关卡设计等，AIGC 工具就能根据这些内容生成游戏大纲、游戏策略建议等。

当前，已经有一些企业将 AIGC 应用到游戏研发中，以提升研发效率。以网易伏羲为例，网易伏羲持续探索 AIGC 与捏脸技术的结合，打造了照片捏脸、文字捏脸等智能捏脸技术。在智能捏脸技术中，网易伏羲嵌入了一种多模态深度学习模型，以发掘美学规律，生成具有美感、不重复的游戏角色。基于这一技术，游戏开发团队可以快速生成符合人设要求的 NPC。

除了捏脸技术，网易伏羲在 AIGC 绘画方面也进行了深入探索。例如，网易伏羲打造了一款图标生成工具，游戏开发团队可以凭借这款工具批量生成道具、技能图标等。

除了积极进行 AIGC 技术、AIGC 工具研发，网易伏羲在游戏文本生成、动画制作等方面也进行了相应的 AIGC 探索。未来，在多种技术的支持下，AIGC 将融入游戏开发的更多环节，从而在多方面提升游戏开发效率。

## 提供创作工具，更新玩家体验

除了为游戏开发者提供便捷的游戏开发工具，AIGC 还能够降低游戏开发的门槛，让更多玩家参与到游戏创作之中。除了体验游戏，玩家也可以借助 AIGC 工具改变游戏剧情、设计游戏道具等，获得个性化的游戏体验。

在这方面，知名的在线游戏创作平台 Roblox 已经做出了探索。Roblox 既是游戏平台，又是游戏创作平台，支持玩家进行多样的游戏创作。在 AIGC 火热发展的趋势下，Roblox 积极探索 AIGC 创作工具，为玩家进行游戏创作赋能。

2023 年 3 月，Roblox 在旗下开发工具平台 Roblox Studio 测试版中推出了 AIGC 工具 Material Generator（材质生成器）和 Code Assist（代码辅助）。Material Generator 为一种图像生成工具，能够根据玩家的提示生成图像。基于此，玩家能够在游戏创作中改变物体的材质。Code Assist 能够辅助玩家进行代码生成，能够根据相关描述自动生成相关代码。这能够将玩家从重复性代码编写工作中解放出来，可以使玩家将更多精力用于游戏创意设计中。

在 2023 年 9 月的开发者大会上，Roblox 公布了一款新的 AI 助手 Roblox Assistant。Roblox Assistant 能够与玩家进行自然对话，并根据玩家给出的文字提示生成游戏场景，如生成遗迹类游戏场景、玩家基地等。同时，Roblox Assistant 还能够理解各种风格描述，生成冬天的树木、添加魔幻色彩等。

当前，Roblox Assistant 只具备一些基础功能，但在 Roblox 的愿景中，Roblox Assistant 将在未来具备更加强大的生成能力，能够从零开始制作 3D 模型、生成复杂的游戏等，减少玩家在游戏创作中对特定技能的依赖。

AIGC 创作工具的迭代，可能会引发新一轮游戏创作革命。即便是在开放的游戏创作平台中，玩家创作游戏也离不开编程的助力，而 AIGC 创作工具能够辅助玩家进行编程，可以大幅降低游戏创作的门槛，为更多玩家提供游戏创作的机会。未来，全民创作游戏或将成为现实。

## 赋能游戏人物，让 NPC 更加智能

在游戏中，NPC 是将玩家从现实世界引入游戏世界的重要桥梁，承担着推进游戏剧情的任务。传统的 NPC 交互往往以固定对话为主，玩家通过简单对话领取任务，过程较为枯燥。而有了 AIGC 技术的赋能，NPC 与用户的对话不再局限于固定模板，而是可以在一定程度上自由发挥。这能够为用户带来更加沉浸式的游戏体验。

在智能 NPC 方面，网易已经在游戏《逆水寒》中接入了 AIGC 能力，打造出更加智能的 NPC。用户与 NPC 互动可以触发不同的剧情、解锁不同的任务，获得新奇的游戏体验。例如，玩家对 NPC 说“你家着火了”，NPC 会中断与玩家的战斗，赶回家灭火；当玩家挑战 BOSS[1] 时，玩家曾经帮助过的

[1] 形容游戏中某一阶段性的强力敌人。——编者注

NPC 会伸出援手，帮助玩家对战 BOSS。得益于 AIGC 的强大智能性，NPC 有了更多拟人的特质，玩家可以获得更真实的游戏体验。

除了网易，法国游戏公司育碧公布了一个名为“NEO NPCs”的项目，致力于打造更加智能的 NPC，革新玩家与 NPC 的交互方式，打造新的游戏玩法。这些 NPC 有各自的性格、背景故事、对话风格等，基于语言模型生成对话，具备更强的智能性。

在演示中，玩家能够通过语音与 NPC 进行互动，NPC 会回应玩家并鼓励其探索游戏。在玩家询问游戏问题时，NPC 会基于自己的观察给出答案。同时，NPC 还能够参与到玩家制定的游戏规则中来，为玩家提供可行的游戏策略。

基于 AIGC 的赋能，NPC 将变得更加智能，不仅能够在游戏世界的规则下生成多样的支线剧情，拓展游戏边界，还能与玩家进行自然、灵活的交互，提升玩家的互动体验。NPC 不再只是推进游戏剧情的旁观者，而可以更深入地参与到游戏中，与玩家建立深层次的连接。这能够大幅提升游戏的可玩性和对玩家的吸引力。

## Unity：推出 AIGC 产品，赋能游戏开发

作为全球知名的 3D 引擎龙头企业，Unity 以功能强大的游戏引擎赋能游戏开发者进行高效率、高质量的游戏开发。借

助 Unity 游戏引擎，游戏开发者可以快速渲染出高质量的游戏场景，并设定游戏规则、交互方式等，能够提高游戏开发效率。

面对来势汹汹的 AIGC 风潮，Unity 推出了两款 AIGC 产品：Unity Muse 创作平台和 Unity Sentis 引擎。Unity Muse 支持 3D 游戏创建，用户输入文本即可创建动画，提高了游戏开发的效率。Unity Sentis 支持 AI 驱动动画角色和智能交互，在 Unity 运行时提供 AI 驱动的实时体验。Unity Muse 侧重于游戏开发，能够为游戏开发提速，而 Unity Sentis 侧重于游戏产品应用，支持在游戏中嵌入 AI 模型，可以丰富游戏玩法和用户体验。

AIGC 与游戏引擎结合将推动游戏行业变革。首先，AIGC 能够提高游戏开发效率，缩短游戏内容制作周期。高频更新的游戏内容供给不断刺激玩家需求，实现玩家的长期留存。

其次，AIGC 能够打破传统游戏设计模式，根据玩家偏好自动生成游戏世界观、故事、任务等，提升游戏可玩性。

最后，基于 AIGC 的生成能力，玩家能够在游戏中自定义虚拟角色外观、服饰等，更容易在游戏中形成情感投射，进而提升付费意愿。

未来，基于 AIGC 与游戏引擎的结合，游戏引擎将具备更智能的生成能力，从游戏更新、玩家参与游戏创作等多方面提升玩家游戏体验，并推动游戏行业的智能化发展。

# 第二节
# AIGC 丰富音视频创作

在音视频创作方面，AIGC 能够在语音生成、音乐生成、视频生成、影视内容生成等细分领域赋能内容创作，提升音视频内容的丰富性和质量。当前，不少企业都推出了聚焦细分领域的 AIGC 解决方案，来打造高质量的文娱内容。

## AIGC 语音生成，有声阅读更加自然

在语音生成方面，AIGC 能够实现语音合成、语音克隆等，让声音更富感情、更加自然。基于 AIGC，有声阅读的内容生产更加便捷，能够为听众带来更好的体验。

在有声阅读方面，单一音色播讲十分常见，往往导致听众难以区分不同角色，且长时间听同一种音色容易感到枯燥乏味。针对这一痛点，火山语音打造了一套完善的多角色的 AI 演播方案。

该演播方案基于火山语音丰富的有声阅读场景和优质音色打造音色矩阵，通过自然语言处理技术理解文本并实现自动配音，形成拟真的多角色演播效果。同时，该演播方案的能力

能够融合有声内容创作流程，并在创作平台落地应用，实现有声内容的规模化、差异化生产。

具体而言，火山语音 AI 多角色演播方案具备以下三大优势，如图 7-1 所示。

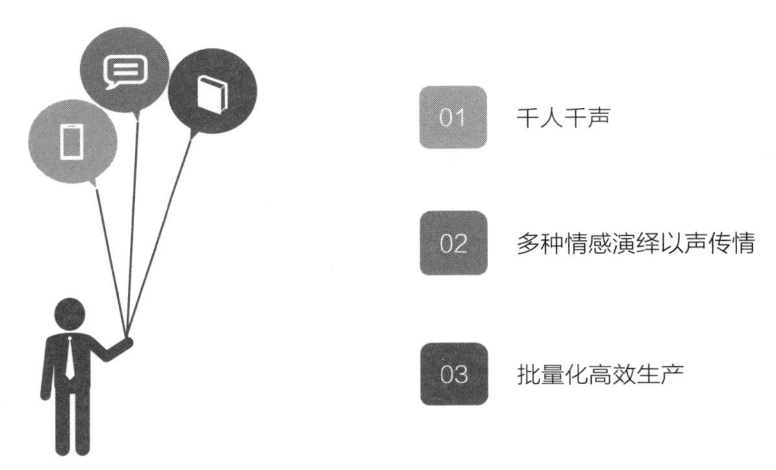


图 7-1　火山语音 AI 多角色演播方案的三大优势

## 1. 千人千声

面对网文爆发式增长的态势，火山语音围绕网文中的经典角色，着力打造适配不同角色的 AI 音色矩阵。当前，火山语音 AI 配音家族中拥有数十个精品音色，如穿越文里的睿智大女主、青涩校园中的鬼马少女等，以满足众多小说的角色人设需求。

## 2. 多种情感演绎以声传情

在有声内容创作中，满足听众的沉浸式阅读需求十分重要。除了音色，AI 主播还要能哭会笑，像专业配音演员一样自然、真实地表达情感。为此，火山语音赋予不同的 AI 音色，如开心、愤怒等情绪。

为了让不同情绪的演绎更加真实，火山语音还加深了对停顿、重音、笑声、哭腔、咬牙切齿等副语言的探索，对副语言进行了精细化还原，使重音、停顿、笑声、叹息、叫喊声等更加真实、自然，给听众带来沉浸式体验。

## 3. 批量化高效生产

文本语义理解和话本自动制作是有声书批量化生产的关键。在传统的 AI 有声书创作中，需要人工对文本进行标识，划分出对话与旁白，标识不同角色的台词。这一过程往往耗时费力，导致 AI 有声书难以高质量批量化生产。

而火山语音打造了 AI 文本理解模型，实现了人名识别、对话人物匹配等，能够自动提取小说中的人物角色，自动区分对话与旁白。同时，该模型还能够识别对话情感，进行更有感情的表达。这使得精品 AI 有声书的创作效率大幅提升。

此外，火山语音还打造了 AI 有声内容创作平台。创作者只需要导入目标书籍、文本，平台便能自动完成角色识别、对话与旁白识别、情感识别等。在配音环节，创作者可以选择合适的 AI 音色来匹配书中角色，并实现一键配音。配音完成后，平台能够完成音频的合成与拼接，能够高效完成有声书的制作。

为了满足创作者差异化的创作需求，该平台还提供音频调整、精修等功能，创作者可以基于这些功能对合成后的音频进行优化，使音频演绎趋于完美。

## 音乐生成：打造音乐创作新模式

在音乐生成方面，AIGC 能够实现音乐合成、音乐素材创作等。当前，不少企业已经在这方面进行了探索，推进 AIGC 音乐生成技术研发，为用户提供 AI 音乐创作工具。

以腾讯音乐为例，腾讯音乐在 AIGC 方面进行了持续布局。2021 年，腾讯音乐成立了音视频技术研发中心——天琴实验室，持续进行 AIGC 相关技术研发。

在音乐合成方面，天琴实验室打造了 AI 合成技术“琴韵引擎”。该技术能够通过歌声合成、歌声转换等技术，让机器学习歌手的音色、演唱特点，还能够通过调整演唱技巧参数，提升歌声的自然度。

当前，琴韵引擎已经在虚拟数字人音乐创作项目中有所应用，例如，在天琴实验室打造的 AI 音乐伴侣“小琴”的《勇气大爆发》、虚拟偶像“鹿晓希 LUCY”的《叠加态少女》中实现了应用。同时，琴韵引擎还在全民 K 歌 AI 导唱、QQ 音乐动听贺卡等场景中得到应用。

在 2023 年 10 月腾讯音乐举办的第三届“TechME 技术周”AI 圆桌会上，腾讯音乐旗下的 QQ 音乐宣布将携手 3D 内容生产与消费平台元象 XVERSE 共同推出 lyra XVERSE 加速大模型，为用户提供个性化的音乐互动体验。未来，QQ 音乐将持续推进前沿技术合作，引领音乐娱乐创新方向。

随着技术探索步伐的加快，腾讯音乐将引领在线音乐的创新与发展，挖掘更多市场机会，释放 AIGC 的更大商业价值。

## AIGC 视频生成：降低用户创作门槛

AIGC 在视频创作中的应用大幅降低了视频创作的门槛，用户不需要掌握太多的创作技巧，就可以借助智能化的 AIGC 工具快速实现视频创作。

短视频平台快手积极布局 AIGC，以多样化的工具和 AIGC 能力为用户创作赋能。一方面，借助 AI 技术，快手推出了一系列 AI 生成工具，实现了 AI 生成文案、AI 生成视频、AI 生成音色素材等，为用户的视频创作赋能。当前，快手已经在旗下 App、剪辑工具快影、拍摄工具一甜相机等应用中上线了一系列创作功能。未来，快手计划在快影、一甜相机等产品中上线 AI 生成影视解说脚本、AI 一键 Vlog 剪辑等 AIGC 功能，为用户智能创作视频助力。

另一方面，快手推出了基于自主研发的 AI 大模型的“全模态、大模型 AIGC 解决方案”。该方案具备文本生成、图像生成、音频生成、视频生成等 AIGC 能力，覆盖从创意生成、素材挖掘到背景音乐制作、视频剪辑、视频生成的全流程，让视频创作更加便捷。

在创意发现方面，快手基于自主研发的大模型，强化了自然语言理解与生成能力，能够根据创作者的需求完成脚本撰写、图片与配乐生成，为用户提供更多灵感。在素材挖掘方面，快手推出了文生图大模型，能够帮助用户生成与主题相关的图片素材，帮助用户描绘想象。同时，该模型具有对图片进行修改、多图像融合等图像编辑能力，能够满足用户对生成素材再创造的需求。

在背景音乐制作方面，快手提供强大的音乐生成能力。快手打造了基于预训练模型的可控歌词生成系统，能够根据主题生成歌词，再完成旋律生成。在视频剪辑和制作方面，快手推出的 AIGC 解决方案能够一键制作特效大片，支持多种风格和时空转场。

此外，快手还打造了 AIGC 数字人解决方案“快手智播”。该解决方案支持用户制作数字人，并使用数字人制作短视频、开启直播等，为电商直播助力。基于快手的 SaaS 服务工具，用户能够实现一键开播，让数字人制作与直播更加便捷。

未来，快手将不断提升 AIGC 技术能力、升级产品功能，为用户提供更便捷、更智能的创作体验。

## AIGC 影视内容生成：优化影视内容

在影视内容生成方面，AIGC 能够应用于 3D 建模、内容修复等环节，降低影视内容创作门槛，提升影视内容质量。

在这方面，不少企业都进行了探索。例如，OpenAI 推出了能够根据文字提示或图片提示生成 3D 模型的 Shap-E 大模型。Shap-E 能够处理复杂和精细的描述，快速创建 3D 模型，从而节约了时间和资源。在创建 3D 模型的过程中，Shap-E 能够减少人力成本并简化工作流程。

再如，在影片修复方面，百度携手电影频道节目制作中心，推出了应用于影视行业的大模型“电影频道-百度·文心”。该大模型能够高质量完成影片修复工作，提升影片修复的效率。

具体而言，该大模型基于海量影视数据、修复经验数据等多种数据进行训练，能够对多种损坏类型的影片进行修复。例如，以增强影片的画面色彩和清晰度的方式实现老旧影片超清化，帮助老旧影片焕发新的生机。该大模型具有很高的工作效率，能够实现每天数十万帧的影视修复，相比人工修复，修复效率大幅提升。

总之，AIGC 能够从多方面赋能影视内容生成，提升影视内容制作的效率与质量。

# 第三节
# AIGC 变革文旅，升级旅游体验

随着时代的发展，人们的旅游需求越来越多样化。为了满足游客需求，给游客带来难忘的旅游体验，很多企业积极探索智能化的旅游解决方案。AIGC 与旅游相结合就是一个不错的解决方案，能够催生更加智能的旅游产品，为游客带来沉浸式、个性化的旅游体验。

## 旅行 AI：旅游一站式智能服务

当前，游客的个性化旅游需求凸显，不仅关注去哪里旅行，还关注不同的路线、旅行中有哪些玩法等。在这方面，旅行 AI 能够智能解答游客的各种问题，为游客提供个性化的旅游服务。

旅行 AI 不仅能够帮助游客规划旅游路线、预订酒店，根据旅游路线推荐合适的景点，还能够提供天气、交通、安全等方面的实时提醒。旅行 AI 还具有语言翻译功能，能够让游客无障碍地与当地人沟通。

整体而言，旅行 AI 主要具有以下三大优势，如图 7–2 所示。

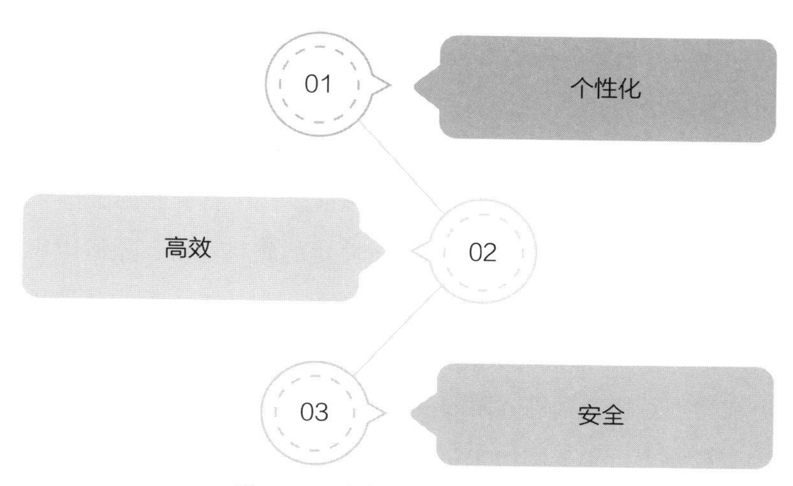


图 7-2 旅行 AI 的三大优势

## 1. 个性化

旅行 AI 能够根据游客的个人信息、需求、偏好等，为其提供个性化的旅行方案，避免了游客花费大量时间搜索并对比各种旅行方案。

## 2. 高效

基于机器学习、大数据等技术，旅行 AI 能够分析季节、天气、交通等信息，为游客提供最佳出行时间、路线、方式等，使游客获得更好的旅行体验。

## 3. 安全

旅行 AI 能够实时监测各种风险，如天气风险、自然灾害等，为游客提供及时的提醒与救援服务，从而保障游客的人身财产安全。

当前，市面上已经出现了一些旅行 AI 产品，为游客提供多样化的旅游服务。例如，TheDIYtrip 就是一款智能的旅行 AI 产品，基于 AI 算法为游客提供个性化的旅行建议、旅游方案等。它不仅能够根据游客的需求与偏好定制旅游方案，还能提供航班、酒店等方面的实时更新信息，提供包括酒店预订、旅游攻略、行程规划等方面的一站式服务。

智能旅行服务网站 Trip Planner AI 也能够为游客提供完善的行程规划服务。它能够基于 AI 生成个性化的旅游方案，根据游客偏好、预算、旅游时长等为游客推荐活动，同时提供交通、天气等方面的实时信息。

未来，在 AIGC 技术的支持下，旅行 AI 将更加智能。接入大模型的旅行 AI 可以识别文字、语音、图片等多种内容，同时又能够实现多模态内容的输出，进一步提升旅客的旅行体验。

## AIGC 助力景区宣传与文化传播

基于强大的内容生成能力，AIGC 在文旅宣传内容生成方面能够发挥巨大价值，帮助各地景区进行宣传。

2024 年年初，一部名为《AI 我中华》的文旅宣传片上线，生动展示了全国各地的自然风光、历史遗迹和特色文化。在

《AI 我中华》宣传片制作过程中，图像生成、视频制作等环节都离不开 AIGC 技术的支持。

AIGC 能够生成真实且具有艺术感的城市风景图。通过对文献、历史资料、社交媒体等内容的整合与分析，AIGC 能够深入挖掘各地的历史故事、民俗、特色美食等，生成具有代表性与冲击力的画面，让观众能够通过视频了解各地的独特文化。

这不是第一部借助 AIGC 打造的文旅宣传片。2023 年 3 月，《AI 眼中的崂山四季》文旅宣传片在网络上走红。视频中展现了崂山的茶园、渔村、海湾等各种风景，画面色彩缤纷、细节丰富，令人心驰神往。该视频的打造离不开 AIGC 内容创作平台无界 AI 的支持，在 AIGC 技术的支持下，该视频创作完成只花费了 3 天左右的时间。

除了生成文旅宣传片，无界 AI 还携手老君山、千年古镇塘栖、"大运河红旅第一村"鸭兰村等景区联合举办了多场 AI 绘画大赛。比赛收获了数千张参赛作品，曝光度很高。

通过举办 AI 绘画大赛的方式，各地景区通过 AI 作品的方式实现了广泛传播，提高了景区的知名度。除了景区宣传，绘画大赛中的作品也可以制作成门票、产品礼盒等，提升产品的附加价值。

未来，无界 AI 将基于 AIGC 技术优势，与更多景区合作，探索 AIGC 在景区宣传、IP 打造、文创产品设计等方面的落地路径，推动文旅产业繁荣发展。

## AIGC 走进博物馆，带来数字文博体验

当前，创新的场景、沉浸式的游览体验成为各地景区拓展产业链条、升级自身服务的重要方向。在文博领域，数字技术的应用、沉浸式场景的打造成为趋势，而 AIGC 在这一领域的应用，为场景与体验创新带来了新的可能。

AIGC 在博物馆的应用主要体现在两个方面。一方面，AIGC 能够用于历史虚拟场景打造、虚拟物品打造等方面。博物馆展示某一时期、某一文化的风貌时，可以基于 AIGC 打造虚拟历史场景与虚拟物品。与通过屏幕看平面的场景与物品不同，虚拟场景与物品能够以三维形式呈现，为游客提供沉浸式的游览体验。

另一方面，基于 AIGC 打造的虚拟数字人能够应用于博物馆中，为游客提供导览、文物讲解、历史人物介绍等服务。在 AIGC 的支持下，虚拟数字人不仅能够与游客进行自然、流畅的互动，还能够回答游客提出的问题，可以在自然互动中让游客对展出的文物有更多的认知。

当前，基于 AIGC 的虚拟数字人已经在博物馆中实现了应用。2023 年 5 月，科技公司时间网络举办了一场名为“文博新风——AIGC 文博虚拟人群像展”的展览。在展览中，时间网络展出了为 32 家文博场馆设计的 AIGC 虚拟人 IP 形象，如为广东省工艺美术珍品馆设计的“婉玉”、为广州博物馆设计的“广镇海”、为广州邮政博览馆设计的“邮伯”等。

这些虚拟人具有丰富多样的形象设定，如清冷的“婉玉”、沉着冷静的“广镇海”、敬业的“邮伯”等。除了个性鲜明，这些虚拟人还带有强烈的自己所在博物馆的印记，如为广州普公古陶瓷博物馆设计的“陶宝”的形象中融入了诸多陶瓷元素，人物设定是一位喜欢研究古代文化的陶瓷小专家。

未来，虚拟人 IP 形象将在持续运营中为博物馆的数字化营销助力，在传播文化的同时又能提升游客的游览体验。

## 导游：提供完善的个性化旅游指导

随着 AI 技术的发展，AI 导游在文旅领域的应用越来越广泛。AI 导游不仅能够提供景区讲解、文物介绍等基础导游服务，还能够根据游客的不同需求提供个性化导游服务。

首先，AI 导游具备多语言沟通能力。旅游景区的游客可能来自世界各地的不同国家，针对不同的语言需求，AI 导游能够基于语音识别和翻译技术，可以实现多种语言的实时翻译。这能够解决游客的语言沟通问题。

其次，AI 导游能够根据游客的兴趣，为其提供个性化的旅游建议。AI 导游能够基于对游客搜索历史、浏览行为等信息的分析，给出有针对性的旅游建议。例如，游客对历史文化感兴趣，AI 导游就会为其提供历史古迹的参观路线，并提供相关历史古迹的讲解；游客偏爱美食，AI 导游就会为其提供周边的美食推荐。

最后，AI 导游还能够解决一些实际问题，如提供酒店预订、门票购买、天气预报等服务，来帮助游客解决各种问题，提升旅游效率和体验。

当前，基于 AIGC 的 AI 导游已经出现，并成功应用于景区中，为游客提供多种服务。2023 年 6 月，万达集团企业文化中心为景区丹寨万达小镇量身打造的 AI 导游“小丹”正式上线，吸引了游客的广泛关注。作为基于大模型研发的 AI 导游，小丹具有逼真的形象，能够与游客进行自然的互动，为游客提供个性化的旅行服务。

在旅游导览方面，小丹可以作为游客的专属导游，为游客提供一对一的个性化服务。小丹可以为游客提供景点介绍和美食推荐服务，还能与游客闲聊，全面融入游客的旅游时光。小丹具有较高的智力水平，拥有诸多隐藏技能，例如，可以给游客讲笑话，逗游客开心，解答脑筋急转弯等。

未来，随着 AIGC 与 AI 导游的结合，AI 导游将具备更加智能的能力，能够结合游客个性化需求与景区游览内容提供个性化的导游服务，提升游客的游览体验。与 AIGC 结合的 AI 导游将会越来越多，并落地于更多景区中，为更多游客提供智能化游览服务。

# 第八章

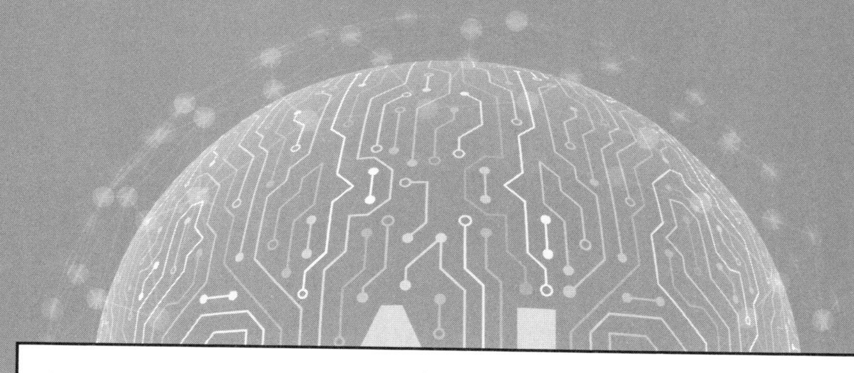

# 教育培训：AIGC 开启智慧教育新通道

CHAPTER 8

技术的发展推动教育领域发生变革，而 AIGC 的发展与应用，推动了教育的智慧化发展进程。AIGC 能够提供更加智能的教学工具、更加智慧的教学方案，从而推动学校教育、企业培训的智慧化发展。

# 第一节
# 多重促进，AIGC 变革教育行业

AIGC 能够从多个方面变革教育行业，其能够与教学产品相结合，提升教学产品的智能性，针对不同的学生打造个性化的教学方案。同时，AIGC 教育营销方案能够提升营销效率与效果，促进教育营销增长。

## 教学产品革新：多款教育产品接入 GPT-4

AIGC 能够以强大的技术能力赋能各种应用，在教育领域，AIGC 能够实现教学产品革新。相较于传统的智能教学产品，接入 AIGC 能力的教学产品将具备更强的理解能力、沟通能力以及内容生成能力。

例如，接入 AIGC 能力的 AI 学习机能够像真人口语老师一样与学生进行实景对话，不仅发音纯正、表达地道，还能够与学生进行自然的沟通。在批改作业时，AI 学习机不仅可以修改句式错误、标点错误等基础语病，还可以围绕写作要求、作文结构、作文文采等对作业进行深入批改。同时，它还可以启发学生的写作思路，生成优化后的参考作文片段、优化建议等，能够帮助学生快速提升写作能力。

在 OpenAI 推出 GPT-4 后，不少教育产品都接入了 GPT-4，升级了产品的智能性。例如，教育科技公司Chegg推出了接入 GPT-4 的 CheggMateAI 辅助学习平台，并推出了 AI 对话式学习助手 CheggMate。

CheggMate 能够和学生进行一对一沟通，为学生答疑，并根据学生的知识掌握情况、学习进度等为其提供个性化的练习测试、教学评估等。在教学过程中，CheggMate 能够根据学生的学习情况随时调整教学方案，使教学方案更具适应性。此外，CheggMate 还能够通过图表、对话等方式对学生学习成果给出即时反馈。

除了 Chegg，可汗学院也推出了接入 GPT-4 的学习助手。可汗学院是一个教育性非营利组织，免费为学生提供数学、历史、物理、天文等学科的课程。在 GPT-4 发布后，可汗学院宣布将接入 GPT-4，为其 AI 助手 Khanmigo 提供技术支持。GPT-4 能够使 Khanmigo 具有更强的智能性，使 Khanmigo 能够理解多种形式的问题和提示，与学生、老师进行自然的交互。Khanmigo 既是学生的虚拟导师，也是老师的课堂助手，为学生学习与老师授课提供智能支持。

除了教育产品接入 GPT-4，科大讯飞还推出了讯飞星火大模型，并计划将其接入旗下 AI 学习机；好未来旗下大模型 MathGPT 已经上线并启动公测，未来将为旗下教育产品提供 AIGC 能力。在 AIGC 的支持下，教育产品将在智能化的发展道路上越走越远。

## 教学模式优化：打造个性化教学方案

AIGC 在内容智能生成、算法推荐等方面实现了重大突破，能够驱动个性化教育实现快速发展。AIGC 能够从多方面赋能个性化教学，打造完善的个性化教学方案。

在教学过程中，传统的教学方案往往难以兼顾每一位学生，无法满足不同学生的不同学习需求。而 AIGC 能够对学生的学习数据进行分析，并结合学生的课堂表现给出测评报告，为老师实现个性化教学提供助力。

例如，借助 AIGC，并综合教学目标、学生对知识的掌握情况等，老师可以对教学目标进行智能化分解，高效、精准地明确“教什么”的问题。老师还可以基于 AIGC 生成的试卷对学生进行课前检测，了解学生的学习情况，把握教学重点，做到个性化授课。老师还可以借助 AIGC 智能优化教学方案，更好地实现精准教学。

在一个阶段的学习完成后，AIGC 对学生的各种学习数据进行分析，老师就可以据此了解学生对知识的掌握情况。基于此，老师可以根据 AIGC 的建议布置作业，帮助学生进行个性化的、精准化的复习。

基于 AIGC 的助力，在教学过程中，老师既能够了解所有学生的共性问题，也能够了解不同学生的个人问题，可以有针对性地进行教学方案调整，这能够提升老师的教学效率和学生的学习效果。

此外，AIGC 还能对不同学生的成长数据进行分析，生成成长路线图。这能够帮助老师了解学生的成长速度、知识掌握情况等，进而有针对性地对学生进行指导，做到因材施教。

## 助力教育营销：AIGC 方案推动教育营销增长

AIGC 在教育领域的落地，给教育领域带来全方位重构，对教育营销也产生了深刻影响。在这方面，百度率先发布了 AIGC 教育行业营销解决方案，为教育营销提供 AIGC 能力支持。

该方案包括“轻舸”“擎舵”“商家 bot”三大营销工具以及“课效通”“教育商机宝”两大创新产品，目的是为教育行业的营销提质增效。当前，教育行业营销存在投放成本高、扩量难、营销线索少等问题，而百度将 AIGC 与教育营销结合，提供精准的营销资源，降低教育营销成本并提高营销效果。

在该方案中，“轻舸”“擎舵”“商家 bot”基于 AIGC 能力，覆盖教育营销全链路。“轻舸”能够实现自然语言交互，为营销内容打造助力；“擎舵”提供营销创意，能够根据用户需求生成精美的创意素材，实现多样的创意表达；“商家 bot”覆盖从线索获取到用户到店的多个环节，帮助商家高效经营。在以上工具的支持下，教育企业能够更加精准地聚焦于目标用户和业务洞察，实现高效的营销。

“课效通”“教育商机宝”等产品也为教育营销提供了新的解决方案。“课效通”构建了以课程为中心的投放模式，围绕“人、课、场”做投放，助力投放效果提升。“教育商机宝”基于百度地图和手机百度两款 App 挖掘流量场景并分发给客户，助力客户创收增效。

通过丰富的营销工具与产品，百度 AIGC 营销解决方案能够高效地为客户提供教育营销服务，帮助客户实现降本增效。

# 第二节
# AIGC 教育的多场景应用

AIGC 在教育领域的应用场景广泛，能够应用于教师端、学生端、学校端等诸多教育场景中，为老师教学、学生学习、学校管理等提供智能支持。

## 教师端：AIGC 多重能力赋能教师

在教师端，AIGC 能够帮助老师减轻教学负担并提升教学效果。具体而言，AIGC 能够从以下几个方面为老师提供助力，如图 8-1 所示。

### 1. 自动化教学设计

老师可以借助 AIGC 进行教学设计，如设计教案、课件、讲义等。在 AIGC 生成的教学内容的基础上，老师可以进行二次创作，能够减轻工作负担，提升工作效率。例如，老师可以给 AIGC 生成的内容添加图片、视频等，提升内容的丰富性和趣味性，增强对学生的吸引力。

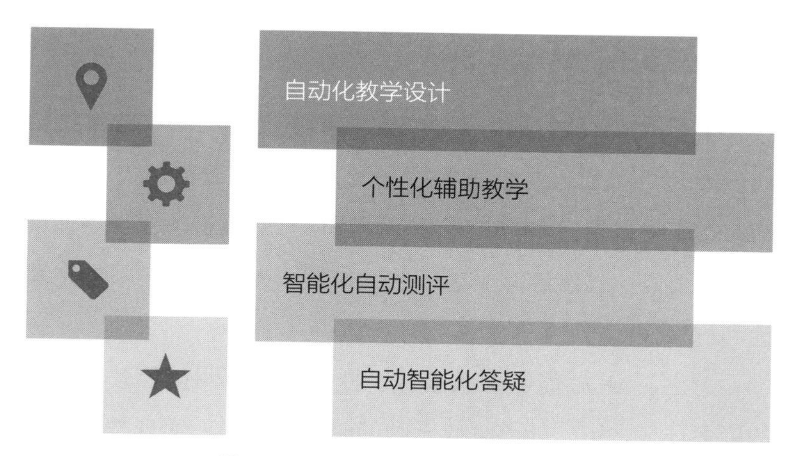


图 8-1　AIGC 为老师提供助力

## 2. 个性化辅助教学

老师可以借助 AIGC，并结合学生个性化的学习资料，如学习笔记、练习题等，生成有针对性的教学内容，帮助学生查漏补缺，提升学习效率。

## 3. 智能化自动测评

AIGC 拥有自动测评功能，能够对不同学科的学生试卷、作业等进行自动测评。老师可以借助 AIGC 对学生的试卷进行评分、对学生的作业进行批改等，然后对其处理后的试卷与作业进行检查。这能够提高老师处理课后工作的效率，减轻老师的负担。

### 4. 自动智能化答疑

基于 AIGC 的智能答疑系统能够回答老师与学生的常见疑问。老师可以通过与智能答疑系统进行对话获得新的教学思路；学生可以通过与智能答疑系统进行对话拆解学习难点，巩固知识要点。这能够减少老师的工作量，提升学生学习的主动性和积极性。

总之，AIGC 能够融入备课、授课、考评测试等教学工作的诸多环节之中，能够解放老师的时间与精力，实现教育的升级与创新。

## 学生端：AIGC 为学习提供多方面指导

学生规划是否合理对学生的学习效果有着很大的影响。学生可以借助 AIGC 制订学习规划，提升学习效率和效果。AIGC 能够为学生学习提供多方面的指导，具体体现在以下几个方面，如图 8–2 所示。

### 1. 个性化的学习方案

学生可以结合自身的学习习惯、特点、学习成绩、知识吸收情况等，借助 AIGC 制订个性化的学习规划。结合学生提供的个人资料，AIGC 能够生成月度学习计划、学期学习计划等，并提供切实可行的个性化学习方案，帮助学生高效学习。

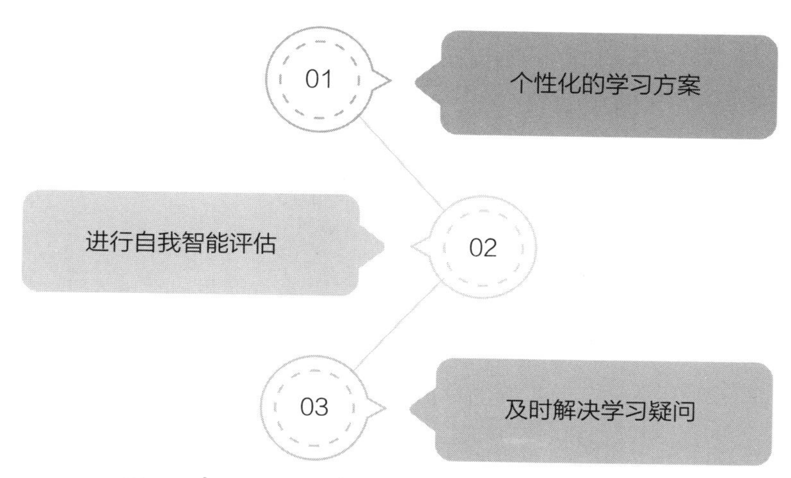


图 8-2 AIGC 为学生学习提供三个方面的指导

## 2. 进行自我智能评估

学生能够借助 AIGC 进行自我评估。一方面，AIGC 能够根据学生当前的学习进度生成相应的测试试卷，帮助学生进行学习成果评估。另一方面，AIGC 能够综合学生的考试错题情况、知识吸收情况等，进行整体的智能评估。这有助于学生及时调整学习与复习的方案。

## 3. 及时解决学习疑问

在学习中，如果学生遇到了不懂的题目，可以随时向 AIGC 提问，及时解决疑问，保证学习效率与质量。

除了以上三个方面，AIGC 还能提供陪练服务，帮助学生进行语言学习、辩论训练等，为学生的学习提供多样化的帮助。随着 AIGC 技术的发展，AIGC 有望成为学生的专属老师，随时为学生答疑解惑，为学生提供多样化的学习指导。

## 学校端：AIGC 为教务管理助力

AIGC 与学校管理的结合，能够从多方面推动学校管理的智能化，优化资源配置，提高学校运行效率。这能够为老师授课、学生学习提供更好的体验。

首先，在课程管理方面，AIGC 可以根据学生的兴趣、能力、需求等，为其推荐合适的选修课程，帮助学生规划学习路径。同时，智能选课能够帮助学校合理分配教学资源。根据选课情况，AIGC 能够合理安排授课老师与教室，调整资源分配，提高资源利用率。除了课程管理，AIGC 还能与学校的教务系统相结合，提升考试安排、成绩管理等多方面的智能化水平。

其次，基于 AIGC，学校可以打造自适应学习平台。该平台能够为学生的个性化学习和老师的教学提供指导，并监测学生的学习情况。该平台中还具有丰富的教学资源，包括课程、题库、教辅资料等，可以帮助老师更高效地备课、教学，帮助学生系统化学习，形成自己的知识体系。

基于 AIGC，学校可以开发多元化的智能管理系统。例如，智能教室管理系统能够监测学生的学习状态与行为，为老师指导学生学习提供助力；智能评估系统能够评估学生的学习情况，生成评估报告等。

最后，AIGC 能够应用于档案管理方面，实现学生档案的数字化存储与智能化管理。学校可以利用 AIGC 技术对学生档案进行整理、检索与更新，提高档案管理的效率和准确性。

## 网易有道：教育大模型“子曰”2.0 上线

2024 年 1 月，网易有道针对教育场景发布的教育大模型“子曰”2.0 成功上线。作为教育领域的垂直大模型，“子曰”2.0 在语料训练方面十分专业，能够满足学习场景下的多样化学习需求。相较于初代版本的“子曰”大模型，“子曰”2.0 实现了三大能力的提升，即知识问答能力、口语对话能力、文字处理能力。

基于“子曰”2.0，网易有道发布了一系列创新产品。

### 1. AI 家庭教师“小 P 老师”

小 P 老师为学生提供全学科的答疑服务。针对学生遇到的各类学习难题，小 P 老师能够为学生提供知识点和解题思路，引导学生解答问题。同时，小 P 老师还能培养学生触类旁通的能力，让学生能够通过一道题学会一类题。

### 2. 虚拟人口语私教 Hi Echo 2.0

针对学生学习英语的需求，网易有道推出了具有丰富虚拟人形象的 Hi Echo 2.0。Hi Echo 2.0 能够实现全天候陪伴，帮助学生随时进行口语练习，并根据学生的学习水平为其提供个性化的学习路径和反馈，提升学生学习效率。除了提供丰富的学习场景、个性化报告，Hi Echo 2.0 还新增了口语定级功能，能够帮助学生进行口语测评。

### 3. 有道速读

有道速读具有文档问答、文章摘要、领域综述等功能，可以帮助用户快速了解文档内容。其能够在短时间内阅读并理解文档内容，并根据用户需求生成多样化的文档内容。

### 4. 有道 AI 学习机 X20

有道 AI 学习机 X20 是一款硬件产品，具备多样化的智能功能。首先，小 P 老师是有道 AI 学习机 X20 中的一个核心应用，能够为学生答疑解惑。在学习机模式、学练机模式、电脑模式三种运作模式下，学生都可以通过提问的方式与小 P 老师进行交互。在解答问题的过程中，小 P 老师支持图文讲解，让解答的过程更形象，也更直观。

其次，针对学生对复杂问题进行学习、强化的需求，对有道 AI 学习机 X20 的学练机模式进行了优化，增加了阶段测试、升学冲刺模块。这能够帮助学生在学习过程中随时检查对知识点的掌握情况，并对重点知识进行针对性的训练。

再次，Hi Echo2.0 也入驻有道 AI 学习机 X20。Hi Echo 2.0

新增了来自伦敦的沟通谈判高手 Daniel、中加混血 Sherry 两位虚拟老师，为学生提供多样化的虚拟老师形象选择。有道 AI 学习机 X20 中有上百种口语话题，帮助学生进行多样化的口语练习。在口语练习过程中，学生不仅可以自由选择对话场景，还能自由切换英音与美音，能够获得个性化的学习体验。

最后，有道 AI 学习机 X20 可以用于作业诊断与批改，以帮助学生识别、解决学习问题。学生能够通过提问的方式连接小 P 老师，倾听其对错题的讲解，进而找到做错题目的原因，明确正确的解题思路。

这些基于“子曰”2.0 的教育产品，体现了 AIGC 与教育的结合，为学生提供了个性化、高效的学习方式，有效提升了学习效果。这些产品的出现，让教育更加符合学生的需求，也让因材施教这种教育方式的广泛落地成为可能。随着 AIGC 技术的不断发展和在教育领域的深入应用，更多的个性化学习产品与服务将会出现，来满足学生更多的个性化学习需求。

# 第三节
# AIGC 解锁企业培训新风向

除了学校教育，AIGC 还能应用于企业培训领域，变革传统的企业培训方式。AIGC 能够在企业培训课程开发、培训、知识巩固等多个环节落地，优化员工的学习体验。

## AIGC 融入企业培训多个环节

在传统的企业培训模式下，企业需要汇总企业发展历史、企业文化、企业业务、职业技能等方面的信息，打造专业的培训课程，而后再召集相关员工进行培训，并对培训效果进行检测。这个过程往往需要耗费大量时间与精力。而有了 AIGC 的支持，企业培训将变得更加便捷、高效。AIGC 能够融入企业培训的多个环节中，提升培训的效率与效果，如图 8-3 所示。

### 1. 课程开发

在开展培训活动之前，企业首先要进行课程开发。以往，企业需要根据内部知识与培训要求制作培训课程，并制作大量的幻灯片、视频等，费时又费力。而有了 AIGC 的支持，企

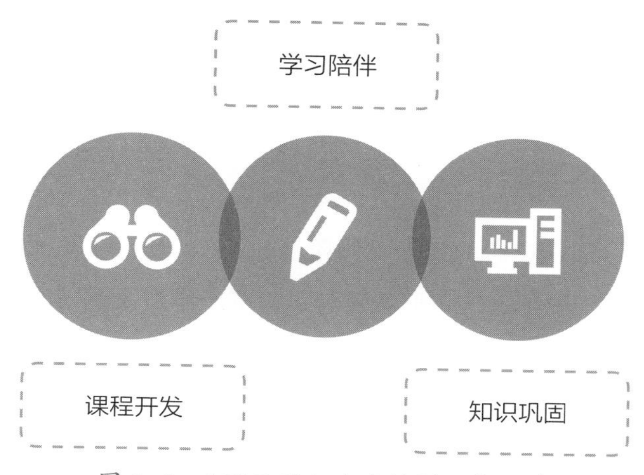


图 8-3　AIGC 融入企业培训三大环节

业可以将各种知识上传至 AIGC 应用，快速生成专属的培训课程。在 AI 生成文本、视频等多样化培训内容的基础上，企业还可以将培训内容与虚拟数字人结合，让虚拟老师担任讲师对员工进行培训。这能够使培训更具吸引力，也更高效。

当行业政策、企业制度更新时，企业只需要将新的内容上传到 AIGC 应用中，就能够获得更新后的培训课程，十分便捷。

## 2. 学习陪伴

在企业培训过程中，基于 AIGC 的虚拟老师能够给予员工更多的陪伴。从最初的培训宣讲到中期的培训实施再到最后的培训测评，虚拟老师都可以参与其中，与员工进行拟人化的沟通，为员工答疑解惑。通过分析不同员工的学习情况，虚拟老师能够给出个性化的培训方案，帮助员工突破难点。在培训结束后，虚拟老师还能够对员工的培训成果进行测评，并生成全面的测评报告。

### 3. 知识巩固

在培训结束后的知识巩固阶段，AIGC 也能够发挥积极作用，如基于测评系统定期测评员工、基于学习系统随时为员工提供指导、生成活动方案助力企业文化传播等。

当前，在 AIGC 与企业培训相结合方面，一些企业已经做了尝试。例如，智慧教育综合服务提供商弘成教育推出了智能问答、智能陪练等产品。在 AIGC 技术的支持下，这些产品有了更严谨的对话逻辑和更丰富的评估维度。

以智能陪练产品为例，该产品面向企业培训，能够在线上构建模拟真实工作场景的虚拟场景，由智能机器人扮演各种角色，辅助员工进行培训与训练。基于语音识别、语音合成、自然语言处理等技术，智能机器人能够与员工进行互动，在提升员工学习兴趣的同时还能帮助员工更好地理解各种知识。

目前，弘成教育已经与雀巢、京东等企业建立了合作伙伴关系。未来，弘成教育将持续推动 AIGC 技术创新，为企业培训提供更加智能化、多样化的服务。

## 腾讯乐享 AI 助手：优化企业培训体验

腾讯乐享是腾讯推出的一站式企业社区，聚焦企业培训、文化建设等多个场景，为企业提供智能服务。腾讯乐享社区中有 AI 助手，可以帮助企业员工快速获取知识，实现能力提升。基于大模型的 AIGC 能力，腾讯乐享 AI 助手融合了课堂、考试、培训等多方面的能力，具有知识问答、多模态搜索、智能生成考题等功能，能够帮助企业丰富内容生态，提升培训效果。

具体而言，腾讯乐享 AI 助手具有以下两大功能。

### 1. 智能连接，高效获取内容

腾讯乐享 AI 助手能够缩短内容获取路径，提升员工获取知识的效率与质量。例如，在智能问答方面，腾讯乐享 AI 助手给予企业内部知识库进行模型训练，让问答内容更加垂直、专业，也更符合企业的培训需求。每位员工都能拥有专属的问答助手，可以随时学习企业知识。在智能搜索方面，腾讯乐享 AI 助手具有多模态智能搜索功能，能够检索出音频文件、视频文件中的内容，帮助员工获取更加全面的知识。

### 2. 智能生成，协助内容生产

在内容生产方面，基于对文档、视频、音频等内容的学习，腾讯乐享 AI 助手具备智能出题、活动创意生成等方面的能力。例如，腾讯乐享 AI 助手能够生成高质量的考题，推动培训工作顺利开展；能够生成活动创意方案，助力企业文化传播等。

有了腾讯乐享 AI 助手的支持，企业能够大幅节省培训时间与成本，员工也能获得更好的培训体验。

# 第九章

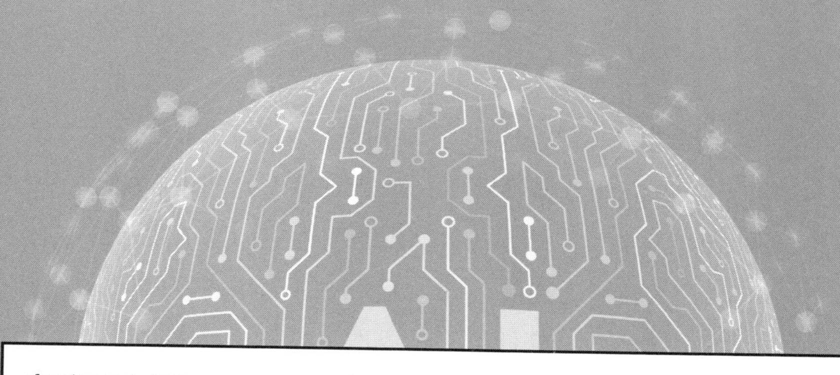

# 新闻传播：AIGC 提升内容生成与传播效率

CHAPTER 9

在新闻传播领域，AIGC 能够改变新闻内容的生产方式与传播方式，实现新闻内容的高效生产与广泛传播。当前，AIGC 已经融入新闻内容生产的多个环节，降低了人工成本，提高了效率。在 AIGC 的驱动下，虚拟主播成为新闻内容传播的新载体，智能程度不断提高。

# 第一节
# AIGC 助力新闻行业智能化发展

AIGC 能够从两大方面推动新闻行业的智能化发展。一方面，在新闻生产过程中，AIGC 能够应用于新闻采集、新闻内容创作等环节中，优化生产流程；另一方面，AIGC 还能够改变新闻报道的呈现方式，从而使互动式新闻成为现实。

## 融入新闻生产流程，实现流程优化

AIGC 能够应用于新闻采集、新闻内容创作等新闻内容生产环节，优化新闻内容产出流程。

在新闻采集方面，AIGC 能够快速抓取和采集海量数据，并进行数据处理，如提炼关键事件、生成文本摘要等，这提升了信息获取的效率。采编记者只需要根据关键词进行检索，就能够获得想要的信息。同时，AIGC 还能够实现多语言翻译，便于采编记者获取不同语种的信息。

此外，AIGC 还能够辅助采编记者进行采访音视频整理。例如，针对采访语音，AIGC 能够轻松实现语音转文字，还能分离、整理不同的采访对象以及他们之间的对话。AIGC 能够对原始采访视频进行优化、整理，生成更加精练的新视频。这些都提升了采编素材收集、整理的效率。

在新闻内容创作方面，AIGC 能够生成标题、新闻框架等内容，还能够直接生成各种风格的新闻内容，如生成专业的财经内容、有趣的娱乐内容等。AIGC 还能轻松实现语言转换，将新闻内容转换成多种语言，助力实现新闻内容的广泛传播。

当前，一些媒体平台已将 AIGC 用于内容生产中。例如，2023 年 4 月，上游新闻推出的“上游新闻 AIGC 创作中心”上线。它基于百度智能云的技术支持，具有强大的 AIGC 内容生成能力。

在操作上，用户只需要输入主题和关键词，AI 生成器就能够生成一条带有配音的新闻视频。在内容生成过程中，AI 生成器能够根据主题与关键词选择合适的文字、图像、音频、视频等，产出合适的视频内容。在此基础上，用户能够对视频进行调整与优化，从而得到符合自己需求的视频。

AIGC 创作中心的研究方向有多个。其中，“媒资知识图谱”能够借助知识图谱中海量的知识点，保证新闻内容的真实性、准确性；“图文生成视频”能够生成视频新闻，提升新闻内容创作效率；“事件脉络”能够追踪热点事件脉络，全面展示新闻事件；“跨模态检索”能够实现文字、图片、视频等多模态之间的融合，实现跨模态检索，提升检索效率。“智能审核”能够提升新闻内容的审核效率；“营销文案生成”能够辅助用户生成各种营销文案。

未来，上游新闻将进一步融合百度 AIGC 的能力，提升新闻生产、传播的效率，推动媒体融合新纪元的到来。

## 互动式新闻，优化用户体验

得益于 AIGC 的即时互动能力，AI 机器人可以应用到新闻报道场景中，实时回答用户问题并补充新闻信息。这种互动式新闻的形式可以增强新闻与用户的互动，展现更加完整的新闻内容，优化用户体验。

具体而言，基于 AIGC 的 AI 机器人能够从以下三个方面优化用户体验，如图 9-1 所示。

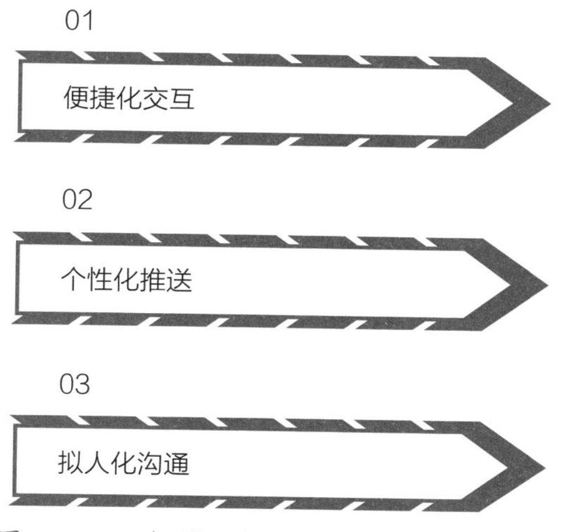


图 9-1　AI 机器人优化用户体验的三个方面

### 1. 便捷化交互

传统的媒体平台与用户的交互方式往往比较单调，媒体平台向用户推送热点新闻，用户通过平台搜索获得与关键词相关的新闻。而 AI 机器人的出现改变了这种交互方式。AI 机器人能够与用户进行自然流畅的交互，了解用户的需求，并向其推荐新闻。这打破了根据关键词搜索新闻的限制，当用户询问某地发生了什么事情时，AI 机器人就能够对相关新闻进行汇总，生成精练的、符合用户需求的新闻内容。

在 AIGC 的支持下，AI 机器人将具备更强的智能性。除了根据用户需求为其推送内容，AI 机器人甚至还可以与用户针对某一新闻进行讨论，提升用户的交互体验。

### 2. 个性化推送

在传统的新闻分发过程中，媒体平台会向用户推送丰富的内容，包含多方面的热点事件，这往往会让用户眼花缭乱。而 AI 机器人可以满足用户深度了解新闻的需求，根据对话指令为其推送指定领域的新闻。这使新闻传播更加高效，也更加便捷。

同时，AI 机器人能够对海量新闻信息进行分类，并对同类型的新闻内容进行集成式抓取，为用户提供丰富的同一类型的新闻内容，帮助用户进行深度阅读。

### 3. 拟人化沟通

AI 机器人能够与用户进行拟人化沟通。一方面，其能够与用户进行自然的一对一沟通，给用户带来拟真的对话体验。另一方面，其能够参与媒体平台热门话题的互动。例如，AI 机器人能够在热门话题下推送新的新闻话题、预测新闻走势等，吸引用户与其互动。

总之，在 AIGC 的支持下，用户能够在与 AI 机器人的互动中获得个性化的新闻推送服务，提升观看新闻的体验。

# 第二节
# AIGC 实现新闻内容智能、高效生成

新闻内容主要以文章、视频等形式呈现，而 AIGC 能够实现新闻稿件智能生成，还能助力视频剪辑，实现新闻视频高效生成，提高新闻内容制作效率。

## 文章创作，AIGC 智能生成新闻稿件

AIGC 能够融入到新闻稿件的创作过程之中，生成多样化的文章。以某一产品的新闻报道为例，其工作流程主要包括以下几个方面。

首先，AIGC 能够基于各种新闻文章、社交媒体评论、用户评价等，搜索与该产品相关的各种数据，如产品特性、销售情况、竞争对手信息、用户反馈等。

其次，基于对这些数据的分析，AIGC 能够得出关键结果，如该产品的销量提升情况、市场份额增长情况、新功能受用户欢迎的程度、对竞争对手的影响，以及竞争对手的动作等。

最后，基于以上内容，AIGC 能够生成专业的新闻稿件。除了能够展示出产品的各项关键信息，AIGC 还能够以轻松、

有趣的文风进行内容叙述，以引起读者的阅读兴趣。此外，AIGC 还能够检查生成稿件的语法、字词等，可以提升新闻稿件的质量。

当前，不少媒体机构都加深了对 AIGC 的探索。例如，美联社（The Associated Press，美国联合通讯社）宣布与 OpenAI 达成合作，探索 AIGC 在新闻写作领域的应用，为新闻媒体与 AI 公司的合作提供了范例；谷歌积极探索 AI 辅助新闻写作的可能性，并已经与《华盛顿邮报》《纽约时报》等媒体进行了讨论。谷歌旗下 AI 工具能够帮助记者生成标题、不同风格的新闻稿件等，这提高了他们的工作效率。

此外，已经有一些新闻媒体推出了 AI 写作新闻栏目，将 AI 应用到新闻内容生产中。例如，长沙晚报推出了“镰刀妹 AI 智能写作”栏目，借助 AI 机器人写稿系统撰写文章。

未来，随着各种工具的落地，AIGC 生成新闻内容将变得更加普遍，新闻内容产出效率将会大幅提升，新闻内容也会更加丰富。

## 视频剪辑，AIGC 助力新闻视频制作

除了新闻稿件创作，AIGC 还能够应用于新闻视频制作中。一方面，AIGC 能够打造更加智能的剪辑系统，提升新闻视频制作效率。另一方面，AIGC 还能够直接生成新闻视频，实现新闻视频制作降本增效。

基于深度神经网络模型，AIGC 智能剪辑系统具备自动剪辑、输出视频的能力。用户只需要输入目标人物信息、新闻稿，并选择合适的模板，AIGC 智能剪辑系统就能够输出相应的新闻视频。AIGC 智能剪辑系统能够对人物表情、动作等进行智能捕捉和分析，辅以图文字幕、背景音乐、合成语音等功能，自动生成场景化的新闻视频。

在新闻视频生成方面，相关 AIGC 平台已经出现。例如，聚焦 AIGC 技术的科技企业中科闻歌推出了灵犀 AIGC 平台，支持新闻视频自动生成。基于该平台，用户只需要输入新闻稿、选择好主播并合成视频，便能快速获得新闻播报视频。同时，该平台还支持智能绘画、智能对话等，为新闻内容制作、艺术创作等提供助力。

中科闻歌将推出企业级应用平台“雅意”AI 大模型，支持企业数据接入、离线私有部署等，为企业打造专属 AI 大模型能力，提供虚拟数字人、领域模型等服务。雅意 AI 大模型还能够为新闻媒体机构提供智能选题、新闻稿件创作、AI 配图、虚拟主播等服务，助力新闻内容生产与传播。

## Scube：开箱即用的 AIGC 应用集成工具

在新闻内容生成方面，上海广播电视台生成式人工智能媒体融合创新工作室推出了 AIGC 应用集成工具 Scube（智媒魔方）。

Scube 具有多模态素材识别、自动生成稿件、智能翻译、视频自动剪辑等功能。在实况转播场景中，Scube 能够为新闻报道团队提供实况内容整理、新闻制作播出、视频片段提取、视频字幕生成等服务。这极大地降低了新闻报道团队搜集处理素材、制作视频所花费的成本，还保证了新闻信息的时效性。

打造上海广播电视台生成式人工智能媒体融合创新工作室和推出 Scube 是上海广播电视台进军 AIGC 赛道的重要举措。未来，Scube 将整合上海广播电视台的其他 AIGC 应用，统一输出，面向社会提供服务。

上海广播电视台生成式人工智能媒体融合创新工作室加快了布局 AIGC 的步伐，动作不断。例如，该工作室依托海量优质视听内容的优势，与多家单位共同发起“中国大模型语料数据联盟”，打造高质量的视听数据集，为大模型训练助力；与腾讯、商汤科技等企业签署合作协议，联合打造媒体行业 AIGC 能力平台。

未来，随着各参与方在 AIGC 技术领域的联合探索，Scube 将具备更加强大的智能能力，催生更加多样的 AIGC 应用。

# 第三节
# AIGC 驱动，虚拟主播助力新闻内容传播

AIGC 在新闻传播领域的重要应用场景之一就是驱动虚拟主播进行新闻播报，以短视频或直播的方式实现新闻内容传播。这拓展了新闻内容的传播方式，打造了更加沉浸式的新闻视听体验。

## 虚拟主播打造新闻传播新风尚

当前，在新闻传播场景中，虚拟主播作为一种新应用，正在逐渐改变传统的新闻报道方式，成为新闻传播的新潮流。基于 AI 技术支持，虚拟主播具备自然语言理解和表达能力，能够自然地播报新闻并与观众互动。

在新闻传播方面，虚拟主播具有以下四大优势，如图 9–2 所示。

### 1. 高效稳定

虚拟主播能够 24 小时不间断地进行新闻播报，这提高了新闻的传播效率，满足了观众对实时新闻的需求。同时，虚拟

图 9-2　虚拟主播的四大优势

主播不受健康状况或其他事情的影响，能够长期进行稳定的新闻播报，保证新闻播报的质量。

## 2. 节省成本

虚拟主播的制作和维护成本较低。在新闻报道业务繁忙的背景下，新闻媒体机构可以适当增设虚拟主播，在减少成本支出的同时还能提升新闻报道的时效性与质量。

## 3. 形象可定制

虚拟主播的形象能够根据新闻媒体机构的需求进行个性化定制。例如，新闻媒体机构可以根据自己的需求，定制不同形象的财经新闻主播、体育新闻主播、文艺新闻主播等。同时，虚拟主播也能够根据报道内容的不同，实时调整表情与动作，提升表现力。

### 4. 实时互动

虚拟主播能够借助语音识别、自然语言处理等技术，与观众进行实时互动。例如，在直播过程中，观众可以通过语音向虚拟主播提问，虚拟主播也可以实时回答观众的问题；对于观众的各种评论，虚拟主播可以实时回复，解答观众的问题。这能够提升新闻的传播效果。

当前，不少新闻媒体机构都推出了虚拟主播。虚拟主播不仅具有丰富多样的形象和人设，还具备专业的业务能力，能够完成新闻播报、赛事解说、新闻事件评论等工作。同时，其还具有手语播报、多语言播报等能力，能够推动新闻内容的无障碍传播。

从虚拟主播的类型来看，主流的虚拟主播主要分为两类。一类为 AI 仿真虚拟主播，即以真人为原型打造的虚拟主播。这类主播具有高保真的虚拟形象，实现了对主持人 IP 的二次开发。例如，北京广播电视台的虚拟主播“时间小妮”，就是以主持人徐春妮为原型打造的虚拟主播，还原了徐春妮的形象与声音。“时间小妮”能够完成新闻播报、知识讲解、互动问答等工作，具备较强的工作能力。

另一类为新晋虚拟主播，即全新打造的虚拟主播。这类虚拟主播不仅具有全新的形象，还具有全面的技能。例如，山东广播电视台推出的虚拟主播“海蓝”具有青春靓丽的外表，能够对新闻内容进行锐评、进行手语翻译等，可以满足不同观众了解新闻的需求。

未来，随着 AI 技术的发展，虚拟主播将解锁更多新技能、新身份，进入更多新闻传播场景中，为观众带来耳目一新的视听体验。

## 科技公司携手媒体机构，探索虚拟主播

在借助 AIGC 技术打造虚拟主播方面，一些公司尝试将大模型、AIGC 应用等融入虚拟主播，实现虚拟主播的 AIGC 驱动。此外，一些新闻媒体机构与科技公司紧密合作，推动了虚拟主播的迭代与创新。

在第十二届中国苏州文化创意设计产业交易博览会上，AI 虚拟数字人领域领军企业魔珐科技推出的虚拟数字人 Amanda 惊艳亮相，并化身苏州广电传媒集团的导览主播。在全息大屏中，Amanda 生动地进行了视频讲解，伴以细腻的表情和灵活的肢体动作，给观众带来了沉浸式的感官体验。生动的虚拟主播讲解视频是魔珐科技基于旗下“魔珐有言”AIGC 视频生成工具打造的。

魔珐科技在 AI、虚拟数字人等领域进行了长期探索，不断推动虚拟数字人的落地。基于 AIGC 技术研发，魔珐科技推出了更加智能的创作工具，提升了虚拟数字人的智能性。此次

展会上，其与苏州广电传媒集团合作，以 AIGC 驱动的虚拟主播全息交互屏的呈现方式，进行了传媒领域视听体验的数字化新探索。

基于技术优势，魔珐科技还为苏州广电传媒集团定制化打造数字员工。数字员工可以完成新闻播报、节目主持、会议主持、内部培训等工作。同时，通过对苏州文化内涵的挖掘，魔珐科技赋予数字员工更多个性化元素，促使其成为苏州文化的数字传承人，在城市宣传、文化活动等方面发挥价值。

此外，结合 AIGC 产品，魔珐科技还赋能虚拟主播新闻内容生产流程，推动新闻内容生产智能化，满足传媒领域多场景的内容制作需求。以“魔珐有言”AIGC 视频生成工具为例，用户输入文本、选择虚拟主播、选择视频场景和素材，该工具就能快速生成视频内容。“魔珐有言”中包含丰富的主播形象、视频场景等，能够节省新闻视频制作的场景搭建、拍摄、剪辑等环节的时间，从而实现高质量新闻视频的高效制作。

未来，随着魔珐科技与苏州广电传媒集团的合作不断加深，更多的 AIGC 产品、更智能的虚拟主播等将会落地，推动传媒领域实现智能化、高质量发展。

# 第十章

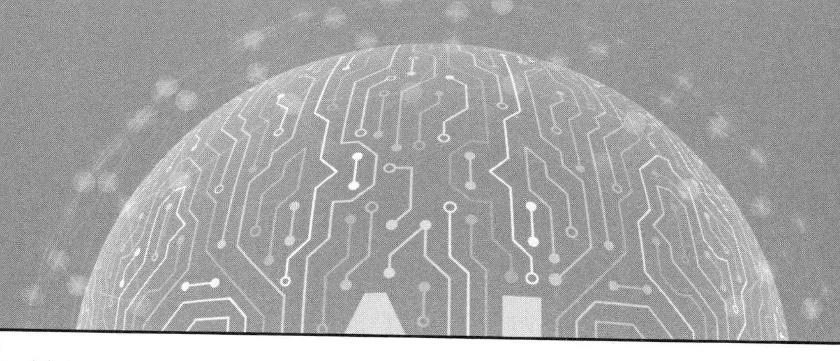

# 数智电商：AIGC 推动电商数智化变革

CHAPTER 10

电商运营是电商企业持续发展的重要落脚点。电商企业不仅要吸引流量，还要促进流量转化，以实现长久发展。在数字化时代，数智化成为电商发展的一个重要方向。而 AIGC 能够在选品、营销等方面发挥重要作用，推动电商领域的数智化变革。

# 第一节
# AIGC 推动“人、货、场”全面升级

AIGC 在电商领域的应用，能够优化人、货、场之间的连接，打造智能化的营销方式，提升电商企业的响应速度和商品质量。在电商客服、直播带货、电商选品等诸多场景中，AIGC 都能够实现应用，并推动人、货、场的全面升级。

## 升级客服系统，打造智能客服

在电商场景中，当前的客服机器人往往只能根据用户输入的关键词给出预设的回答，无法满足用户的个性化需求。而基于自然语言理解、内容生成、人机交互等方面的优势，AIGC 能够提升客服机器人的智能性，助力电商企业打造智能客服。

在 AIGC 和智能客服的支持下，电商平台将变得更加智能。电商平台能够“懂得”用户的想法和需求，可以为其提供个性化的商品和服务。

用户搜索某件商品时，智能客服能够通过语音对话的形式了解用户的需求，并向其介绍商品品牌、性能、型号等，根

据用户的喜好向其推荐合适的商品。此外，智能客服还能对不同品牌的同类商品进行对比、测评，为用户做出购买决策提供依据。在这种贴心的服务下，用户能够减少犹豫和思考的时间，更快地做出购买决策。

如果用户想要详细了解某件商品，可以与智能客服交流，询问细节问题并获得准确的回答。用户也可以进入店铺，与智能客服进行更加细致的沟通，了解商品的详细信息、优惠活动等。

用户购买完商品后，智能客服会主动询问用户的反馈，并解决用户提出的各种售后问题。例如，用户购买了商品，需要商家指导安装时，智能客服就能够生成商品的安装视频，指导用户逐步安装。此外，对于不同用户对商品的评价，智能客服还能够生成个性化的回复，避免回复千篇一律。

如今，电商市场竞争十分激烈，企业只有不断提升自身的技术能力，才能更好地为用户服务。而 AIGC 能够赋能智能客服，提升智能客服的智能程度，拓展智能客服的应用场景，为用户带来更好的体验。

## 融入直播带货，实现降本增效

当前，AIGC 已经融入直播带货场景中，驱动虚拟主播进行带货直播，帮助商家降本增效。2023 年 4 月，京东推出了“言犀虚拟主播”产品。该产品基于多模态交互、形象驱动等技术，能够生成虚拟主播形象与动作，同时通过文本生成、语音生成等技术，实现电商文案自动播报。该产品能够帮助商家降低直播带货的成本，提高销售额。

基于 AIGC 的支持，虚拟主播具备多种优势，能够助力商家直播带货。这主要体现在以下几个方面，如图 10-1 所示。

图 10-1　虚拟主播的优势

## 1. 高效输出

基于 AIGC 在自然语言处理方面的优势，虚拟主播能够快速生成文本，回答观众问题，实现高效输出。在直播带货过程中，虚拟主播不仅能够根据产品信息、目标受众等生成对话，与观众进行自然的交互，还能为观众答疑解惑，实时与观众互动沟通。同时，虚拟主播还能与观众进行情感化互动，安抚观众情绪并对观众进行情感化关怀等。

## 2. 适应多场景与多任务

虚拟主播能够灵活地应用于电商直播的不同场景，如餐饮、家居、日化等。根据不同品牌和直播场景的需求，虚拟主播可以实现定制化开发，成为品牌的专属主播。同时，基于模型训练和持续学习，虚拟主播的性能与能力可以不断提升，也可以适应不同的任务。

## 3. 长时间持续直播

虚拟主播能够实现 24 小时不间断直播，延长直播时长。在真人直播之外，虚拟主播直播可以作为补充，实现 24 小时不间断的直播带货，满足观众随时购物的需求。当前，真人主播与虚拟主播结合的双主播模式已经成为潮流。

## 4. 降低成本

虚拟主播降低了直播带货的成本。随着直播带货的发展，电商行业对带货主播的需求量逐渐攀升，同时，主播的培养成本也不断攀升。无论是聘请外部主播，还是自己打造专业主播，商家都需要付出较高成本。而相较于真人主播，虚拟主播的打造成本大幅降低，让更多商家实现了高质量的直播带货。

未来，随着 AIGC 技术的发展，虚拟主播将走向智能化、差异化，实现在电商直播场景的广泛落地。

## 助力智慧选品，提供智能化选品方案

对于商家而言，选品的品类、质量与销售业绩密切相关。只有选择出具有销售潜力的爆款产品，才能提高销量，商家也才能获得更多收益。对于平台而言，自营商品与商家的产品选择，影响着平台产品销量、用户购物体验等，选品能力直接影响着电商平台的发展。

借助 AIGC 技术和工具，电商平台的选品能力能够得到强化。借助 AIGC 工具，电商平台可以监测商品动态，获得关于产品描述的优化建议、关于产品的智能分析、用户画像分析等，制定科学的选品策略。

一方面，电商平台能够基于 AIGC 的分析洞察客户需求，孵化爆款产品。AIGC 能够对用户画像、用户评价、购买动机等数据进行分析，找出有价值的信息，精准筛选出具有爆款潜力的产品。

另一方面，电商平台能够基于 AIGC 的分析进行差异化选品，避免价格战。常规选品工作需要分析行业情况、竞争对手情况、用户需求等数据，而 AIGC 能够凭借数据分析能力，为电商平台提供智能选品方案，帮助电商平台打造差异化的产品矩阵，从而避免价格战。

总之，基于强大的数据分析能力，AIGC 能够为电商企业和电商平台提供科学的选品建议，助力电商平台实现智慧选品。

## 3D 产品与场景生成，打造沉浸式购物体验

随着数字技术的发展和消费模式的转变，打造沉浸式购物体验成为电商领域发展的一个新方向。而 AIGC 能够助力 3D 产品打造、虚拟场景构建等，给消费者带来多感官沉浸式的购物体验。

3D 建模在电商场景中应用广泛，能够更全面地展示产品。借助视觉算法生成产品的 3D 模型和纹理，用户可以全方位查看产品外观，降低购物的沟通成本，提升用户购物体验。传统的 3D 建模技术虽然能够实现产品建模，但耗时较长，而 AIGC 技术的融入能够提升 3D 建模的生成效率，同时又能提升产品的精度。

此外，AIGC 还能够打造更加沉浸式的购物场景，提升用户的购物体验。例如，在线上家居购物场景中，AIGC 能够实现虚拟家居与现实场景的结合，便于用户挑选合适的产品。以往，一些用户可能会购买一些外表好看，但与自家整体家居风格不匹配的家居，最后又不得不退货。

而基于 AIGC 技术，用户可以拍摄自家家居环境，AIGC 就可以据此生成对应的 3D 场景。用户可以将心仪产品的 3D 模型放置到 3D 场景中，在线预览整体的组合效果。基于此，用户就能够挑选出更合适的家居产品。

除了以上场景，虚拟试衣、虚拟试鞋、虚拟试驾等场景都离不开虚拟产品、虚拟场景的建模，AIGC 在这些场景中同

样有很大的应用空间。有了 AIGC 技术的支持，商家能够低成本、高效率地构建虚拟场景，打造线上虚拟购物体验。

随着技术的不断发展，未来将涌现出更加多样化的 AIGC 工具，降低虚拟产品、虚拟场景打造的门槛与成本，实现沉浸式购物场景的大规模落地。

# 第二节 AIGC 重塑电商营销

AIGC 能够生成营销创意、营销内容，助力电商平台运营，从多方面重塑电商营销。同时，各种 AIGC 营销工具的落地也加速了电商营销的智慧化变革。

## 生成创意，赋能电商创意营销

面对激烈的市场竞争，营销创意成为企业脱颖而出的关键。而营销创意的寻找与打磨提高了企业的营销成本。如何在打造营销创意的过程中降本增效是许多企业关注的焦点。而 AIGC 可以赋能创意营销，为企业提供创意生成新方案。

作为 AIGC 领域的探索者，百度利用大模型赋能营销，打造了营销创意平台“擎舵”。擎舵可以从文案、图像和数字人视频生成三个方面出发，在保证营销效率的同时又能生成高质量、定制化的营销创意，助力构建营销新生态。

真人出镜拍摄广告流程复杂、耗时长、成本高，需要经过策划、选人、拍摄、后期制作等环节，难以实现规模化复制。对此，擎舵打造了 AI 数字人生成平台，在采集数据后便可生成数字人分身和口播视频。

AI 数字人生成平台制作视频的步骤十分简单，仅需三步：首先，用户需要输入产品的特色、宣传点等，生成口播文案；其次，用户可以选择心仪的数字人进行视频创作；最后，用户选择模板并添加文案，即可获得一条视频广告。

当前信息泛滥，想要产出使用户眼前一亮的营销内容并不容易，而在擎舵的助力下，企业就可以轻松地将以往难以实现的创意变成现实。擎舵能够生成优质创意，融合图像、语音、数字人等技术生成定制化营销内容，可以提升企业的营销效率。

擎舵在内测阶段广受好评，与多家企业展开了深度合作，共同探索创意营销新玩法。未来，百度将会以 AIGC 持续赋能营销行业，打造满足企业需求的创意营销平台，为创意营销提供无限可能。

## 内容创造，提供多样化营销内容

在营销内容创造方面，AIGC 能够生成多样化的营销内容，为企业开展营销工作提供助力。当前，已经有企业在这方面进行了探索，推出了相应的 AIGC 产品。

2023 年 5 月，企业云端商业及营销方案提供商微盟发布了基于大模型的营销产品“WAI”。WAI 聚焦电商商家这一用户群体，上线了短信模板、商品描述、直播口播稿、公众号文章等 20 多个实际应用场景，为商家进行市场营销助力。

围绕“释放全新生产力”这一目标，WAI 具备多种优势，可以实现自然语言生成、SaaS 融合、聚合应用等，覆盖商家经营全场景。WAI 预设了有针对性的模型输出模板，零基础的商家也可以使用 WAI 开展营销活动。

WAI 不仅能够快速生成高质量的营销内容，还能够降低大模型的使用门槛。在 WAI 的帮助下，商家能够享受大模型带来的便利。在发布会现场，微盟演示了 WAI 的强大能力。在助力商家开店方面，WAI 能够实现启动页快速生成、模特试穿图生成、店铺文案生成等，可以节省商家开店的时间。WAI 具有自动生成营销脚本的能力，可以实现公众号图文创作与封面生成、多种直播风格的直播脚本创作、推广文案生成等。同时，WAI 操作简便，商家也很快就能上手。

此外，微盟还在发布会现场演示了 WAI 为某品牌生成的“618”线上活动营销方案。WAI 结合该品牌的特色、“618”活动场景、该品牌的产品等，生成了具有针对性，且契合品牌需求的线上营销活动方案。

微盟表示，WAI 正处于快速迭代中。微盟旗下微商城、企微助手等 SaaS 产品已经接入 WAI，以满足商家在电商运营中的内容创作、营销推广等需求。未来，依托微盟在营销全链路中丰富的 SaaS 产品和服务，WAI 将在更多场景中落地，助力商家释放生产力。

微盟的探索展示了 AIGC 在电商营销领域的巨大应用潜力。未来，AIGC 有望通过便捷的应用、与 SaaS 产品融合等，实现在电商营销领域的大范围落地。除了生成营销创意，AIGC 还可以融入网店设计、日常运营、营销活动方案设计、售后服务等多个营销环节，为商家提供全方位的助力。

## 完善营销服务流程，提升营销效率

对于电商平台来说，AIGC 的融入能够助力其完善营销服务流程，提升营销效率。

在流量入口端，电商平台可以借助 AIGC 实现对海量数据的深度学习，分析用户行为，预测用户可能会被哪些产品吸引，进而生成个性化的产品推荐方案，提升引流效果。例如，当用户搜索“手机”时，AIGC 就能够搜集与手机相关的各种数据，并结合用户的购买记录和喜好，生成个性化的产品推荐方案。这能够帮助用户快速找到心仪的产品，提升购物体验。

除了流量入口端的变化，供应端同样也会发生变化。例如，电商平台能够为商家提供各种 AIGC 工具，实现电商营销内容的智能创作。借助 AIGC 工具，商家可以输入素材生成主图、详情页等内容，提升内容制作效率。AIGC 能够智能化判别图片内容在详情页中的位置、剪裁方式等，实现智能排版，并匹配对应的文案，生成完善的详情页。

再如，在短视频内容生成方面，AIGC 能够将直播中的产品解说、产品展示等智能剪辑成各种短视频，提升内容产出效率。这能够丰富电商平台的内容展示形式，通过清晰的产品卖点来展示提升营销转化率。

以上这些都体现了 AIGC 为电商平台运营带来的变革。总之，通过个性化、智能化的产品推荐，以及智能生成的各种营销内容，用户的决策成本将会进一步降低，能够获得更好的购物体验。

## 多方变革，电商营销业务革新

随着 AIGC 的发展以及其在电商领域的应用，电商营销业务发生深刻变革。这主要体现在以下几个方面，如图 10–2 所示。

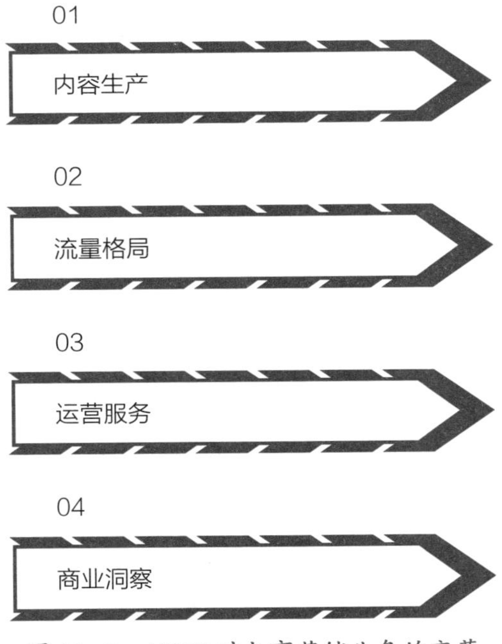


图 10–2　AIGC 对电商营销业务的变革

### 1. 内容生产

在 AIGC 未出现之前，营销内容的生产周期较长，企业往往需要咨询专业机构，打造个性化的营销方案。同时，营销方案中每个模块内容的生产都需要大量的人力与时间，拉长了营销方案产出和执行的周期。而 AIGC 能够重构营销内容生产方式，无论是个性化营销方案，还是营销文案、视频、网页设计等，都可以由 AIGC 自动生成。这不仅提升了营销内容的产出效率，还能够通过“千人千面”的内容实现更好的触达、转化效果。

### 2. 流量格局

传统的流量转化形式主要是社交平台向电商平台转化，即用户在社交平台被“种草”后，再去电商平台搜索产品。这种流量转化方式将随着 AIGC 的应用被改变。AIGC 提供了新的交互模式，为用户提供个性化的产品推荐方案。这将会对当前的社交平台以及搜索引擎造成冲击。在未来，AIGC 可以与手机助手、智能音箱等多种终端结合，给用户带来更加自然的交互体验，而流量也将会向这些终端转移。AIGC 将成为新的流量入口。

### 3. 运营服务

在运营服务方面，AIGC 与智能客服结合，个性化、更具情感关怀的一对一服务将会成为可能。与以往只能进行短文本处理、简单多轮对话的智能客服不同，接入 AIGC 能力的智能客服具备长文本处理、意图识别、上下文连续对话等能力，能够为用户提供个性化、更有温度的服务。

### 4. 商业洞察

当前，电商营销的商业洞察集中在文本领域，如基于用户在电商平台、社交平台的评论进行商业洞察。而 AIGC 会颠覆这种商业洞察模式，形成“提出假设—收集信息—产出洞察”的闭环，使敏捷化、自动化的商业洞察成为可能。AIGC 的赋能使商业洞察的门槛大幅降低，企业的商业洞察能力将会不断提高。

AIGC 的爆发将推动电商营销生产力爆发，推动营销业务、营销模式革新。企业需要了解以上几个方面的变化，抓住变革机遇，更好地适应 AIGC 时代的变革。

## ZMO.AI 平台：AIGC 能力助力电商营销

在电商营销方面，AI 营销方案提供商 ZMO.AI 基于 AIGC 能力打造了智能化的图像处理平台——ZMO.AI。该平台中包含 ImgCreator.AI、Marketing Copilot 等工具，能够帮助企业快速生成符合自己需求的营销文案、宣传海报等内容，为电商营销助力。

ZMO.AI 平台能够根据企业需求生成准确、真实的内容，受到了诸多企业的青睐。以某跨境电商企业为例，该跨境电商企业的沙发产品在欧美地区十分受欢迎，但由于沙发产品尺寸大，运输成本较高，搭建拍摄场景耗时长，因此拍摄产品图就成了一个营销难题。为了使产品图达到想要的效果，该企业的负责人与设计师反复沟通，花费了不少时间和精力。

而 ZMO.AI 平台帮助该跨境电商企业解决了这一难题。该企业的负责人只需将产品图上传至平台，并给出文字指令，平台就可以按照其要求生成真实、自然的产品效果图。这极大地降低了企业拍摄、优化产品效果图的成本。

为了提高生成内容的针对性，ZMO.AI 平台支持用户在平台中训练自己的专有模型，并基于专有模型生成营销内容。专有模型会依据用户提供的优质素材进行训练，最终生成针对特定产品、特定用户的个性化营销内容。在这个过程中，用户提供的数据是私密的，数据归用户所有。

在生成图片的细节方面，ZMO.AI 平台可以通过独特的算法，完美地还原产品的细节。最终，生成在产品细节、光影效果、分辨率、真实度等方面都十分接近真实拍摄图片的产品效果图。

总之，ZMO.AI 平台能够为电商运营提供强有力的支持，其能够实现电商营销内容的精准生成，优化营销流程，提供完善的营销解决方案，帮助电商企业降本增效。

# 第三节
# AIGC+ 电商，企业在行动

在电商领域，亚马逊、京东等电商巨头纷纷加深了对 AIGC 的探索，进行了 AIGC 的整体布局，并推出了一些针对电商领域的 AIGC 产品，推动了电商领域的数智化发展进程。

## 亚马逊：多角度探索 AIGC

亚马逊在 AIGC 领域进行了较为全面的布局，并发布了多款 AIGC 产品，包括 AI 大模型服务 Amazon Bedrock、AI 大模型 Titan 等。

从布局思路来说，亚马逊主要聚焦 AIGC 底座，打造 AIGC 基础设施，并提供 AIGC 服务。例如，Amazon Bedrock 提供多样的大模型服务，接入了 Anthropic、Stability AI 等多家公司的基础模型，打造了“模型超市”，用户能够根据自己的需求选择不同的大模型服务。亚马逊自主研发的 AI 大模型 Titan 也是 Amazon Bedrock 的基础模型之一。

基于 Amazon Bedrock 提供的基础模型，用户能够根据自己的需求进行大模型的个性化定制，节省了自身开发大模型的成本。通过对特定数据的训练、针对特定任务进行模型微调等，大模型能力能够迅速在实际应用场景中落地，赋能企业运营。

基于强大的 AIGC 能力，亚马逊也推出了更加智能的 AIGC 服务，如智能客服解决方案。智能客服能够帮助企业生成营销文案、图像、视频等，能够与用户进行自然的对话，助力电商营销。

智能客服能够准确理解用户的需求，并与用户进行流畅的沟通。例如，在与用户沟通时，它支持文字、语音、电话等多种对话方式，能够根据用户的提问为用户提供更有针对性的解决方案。同时，智能客服还能不断学习，不断提升服务能力。例如，在与一位用户进行沟通后，智能客服能够保存沟通记录，在下次沟通中可以根据历史记录为用户提供更具个性化的解决方案。

此外，在客户服务过程中，智能客服能够处理各种用户数据，生成包含年龄、职业、需求等在内的用户画像，为企业进行用户管理提供支持。

未来，随着亚马逊布局的深入，其将推出更加多样化的 AIGC 产品，这些产品将在更多电商场景中实现落地。

## 谷歌：将 AIGC 引入电商业务

在 AIGC 赋能电商方面，谷歌将 AIGC 技术引入旗下电商业务中，推出了“虚拟换衣”功能。

在线上购物时，在服装到货之前，用户很难想象到服装穿在自己身上的效果，而模特的试穿效果图并没有很强的可参考性。而虚拟换衣功能就能够解决这一问题。

借助该功能，用户可以了解服装穿在不同体型、不同发型的模特身上的效果。同时，用户还能够根据自己的喜好，调整模特的姿势、表情等。这能够帮助用户更好地判断产品是否适合自己。此外，在用户体验方面，该功能生成的图像在服装折叠、包裹、褶皱等方面细节丰富且真实，具有逼真的展示效果。

在应用上，这一功能将率先在女装销售场景中落地，然后逐渐扩大应用范围。Anthropologie、Everlane 等品牌将作为首批合作伙伴，率先采用这一功能。

在电商领域，谷歌致力于搭建多样化的在线购物场景和开放的生态系统，并加强 AIGC 技术的应用。未来，谷歌将推出多样化的 AIGC 工具，为电商业务赋能。

## 京东：以 AIGC 平台助力电商营销

2023 年 12 月，京东旗下的 AIGC 内容生成平台“京点点”正式上线。该平台是一个基于大模型的内容生成平台，能够生成各种商品图片，助力电商营销。

“京点点”AIGC 内容生成平台具有诸多实用功能，如图 10–3 所示。

图 10-3 “京点点”AIGC 内容生成平台的功能

## 1. 智能抠图

该平台能够识别图片中的商品、人像、宠物等，实现智能抠图。除了能够根据用户要求实现精准抠图，该平台还支持自定义抠图，来满足用户的个性化抠图需求。

## 2. 商品图生成

根据商品图片，该平台能够自动生成风格、效果多样的商品图，提升图片质量。该平台支持以下四种图像生成模式。

（1）商品场景图生成。该平台预置了数百个风格模板，支持用户自由选择，一键生成不同的商品场景图。

（2）以图生图。该平台能够根据用户输入的参考图，进行图像风格、元素分析，生成与参考图风格类似的商品场景图。

（3）文案生图。该平台能够根据用户输入的文案描述生成商品场景图。

（4）一键同款生图。用户能够在平台创意广场一键生成与其他用户分享的好图同款的图片。

### 3. 营销贴片

该平台预置了丰富的营销贴片，适用于春节、年货节、“女神节”等多种场景。用户能够根据自己的需求选择合适的营销贴片添加到商品图中。同时，该平台还支持分图层编辑，来帮助用户设计更加精美的商品图。

### 4. 卖点图生成

在商品图片生成过程中，该平台能够提取商品的卖点信息，并在商品图中智能排版，生成融入卖点的广告图、商品详情图等。

### 5. 营销文案与直播脚本生成

通过商品名称、商品的京东 SKU（Stock Keeping Unit，最小存货单位）编号等，该平台能够生成不同风格的商品营销文案、直播脚本等，可以缩短商品文案产出的时间。

总之，“京点点”AIGC 内容生成平台为商家提供了实用的内容生成工具。借助该平台，商家能够更轻松地进行活动营销、直播带货等工作，实现降本增效。

# 第十一章

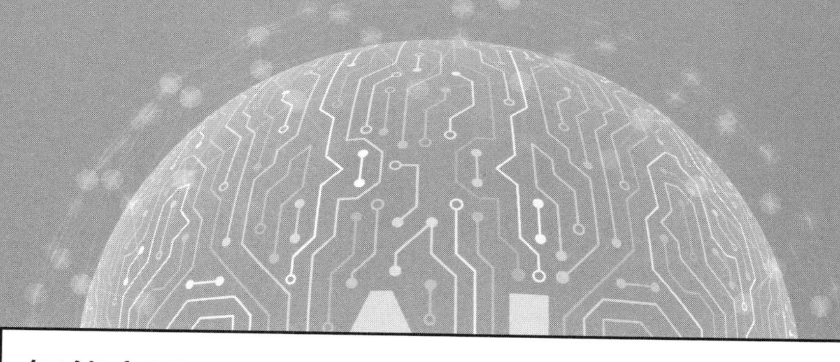

# 智能家居：AIGC 助力家居实现主动智能

CHAPTER 11

在 AI 技术的支持下，智能家居能够“听懂”用户的指令，为用户提供各种智能服务，但其智能程度仍有提升的空间。基于 AIGC，智能家居将由被动智能迭代到主动智能，具备更全面的智能性，实现主动式服务。

# 第一节
# AIGC 驱动智能家居迭代

AIGC 技术与智能家居的结合，将驱动智能家居的智能化迭代，全屋智能、主动智能等都将成为现实。当前，海尔智家、百度等企业已经在这方面进行了探索，并取得了突破性成果。

## 智能家居由互联互通走向主动智能

当前，智能家居已经成为现代生活的重要组成部分。随着科技的进步，智能家居也在不断演进，智能性日益提升。

传统的智能家居能够基于物联网技术实现多设备之间的互联，具有基本的智能功能。一方面，智能家居设备之间能够实现互联互通和统一管理，用户能够通过手机、电脑等远程控制智能家居设备。例如，用户能够通过手机远程控制智能电视、智能音箱、洗衣机、空调等设备，获得智能生活体验。

另一方面，基于 AI 技术，智能家居能够根据用户的习惯自动开关灯、控制室内温度等，还能够根据用户的不同需求设置不同的运行模式，为用户提供舒适的居家生活体验。

随着 AI 技术的发展，智能家居具备一些简单的主动智能功能。例如，在用户起床时，智能家居能够主动打开窗帘、调节灯光；在用户离开家时，智能家居能够自动关闭门窗，断水断电，保障家庭安全。

智能家居还能够满足用户对健康生活的需求，为用户提供个性化的健康服务。例如，智能家居能够监测用户的睡眠质量、心率等，据此智能调控室内环境；能够感应用户体温、室内湿度等，自动调节室内温度与湿度，打造更加舒适的居住环境。

AIGC 进一步提升了智能家居的智能性，推动智能家居由被动智能走向主动智能。在 AIGC 的支持下，家居中控产品将变得更加智慧，能够通过对家居环境、用户行为习惯等数据的学习，实现家居设备的无指令自动调节；智能家居系统具备对用户行为的感知、理解、分析与学习能力，可以自主决策，主动为用户提供全方位的服务。

总之，随着技术的发展，智能家居不断演进。在 AIGC 的支持下，智能家居将从用户的“仆人”升级为“管家”，主动为用户提供个性化服务，提升用户的居家生活体验。

## 全屋智能实现双重突破

随着智能家居的发展，其在家庭中的可落地的场景越来越丰富，全屋智能成为重要发展方向。全屋智能围绕家庭生活空间，打造全场景的智慧生活体验。具体而言，全屋智能包括以下内容，如图 11-1 所示。

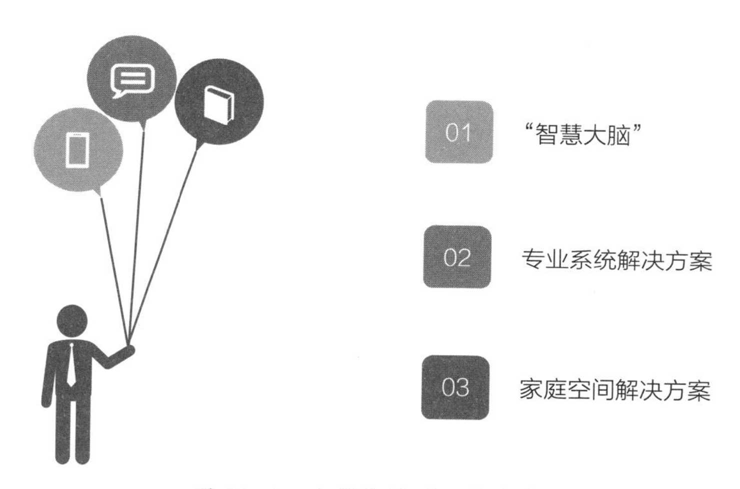


图 11-1　全屋智能的三大内容

### 1.“智慧大脑”

全屋智能包括一个具备数据收集与分析、智能决策能力的“智慧大脑”，以 AI 智慧屏为载体，分布式融入诸多家庭场景中。AI 智慧屏支持用户向各种智能家居设备发出指令，还支持设备之间的互动与协同。

### 2. 专业系统解决方案

全屋智能包含多个专业系统解决方案，如智能照明系统、智能影音系统、智能安防系统等。智能照明系统支持用户定制全屋照明场景，满足不同的照明需求，同时针对不同场景能够实现无感自然交互。智能影音系统能够实现多种影音设备的集成控制，同时关联智能照明、智能窗帘等系统，在观影模式下打造适宜的观影环境。智能安防系统能够监测、控制燃气、水、电等的使用，全空间、全时段保障家庭安全。

### 3. 家庭空间解决方案

全屋智能包含多个家庭空间解决方案，如智慧玄关、智慧客厅、智慧卧室等。在智慧玄关场景中，智能门锁、安防系统、照明系统等相互连接，支持用户一键启动离家模式或回家模式。智慧客厅能够实现多种智能家居设备的联动，通过灯光、窗帘、背景音乐等打造娱乐场景、观影场景、会客场景等。智慧卧室能够根据用户睡前、睡中等不同场景调节窗帘、灯光、温度等，为用户打造个性化的安睡空间。

全屋智能实现了家庭场景的全方位智能管理，但在人机交互、指令执行等方面仍存在欠缺，而 AIGC 的融入能够帮助全屋智能实现突破。

一方面，在 AIGC 的支持下，用户与智能家居之间的交互将变得更加自然。只需要一个简单指令甚至模糊指令，智能家居就能够理解用户的需求，进而执行一系列复杂的操作。例如，当用户表示“我准备午休了，下午 2 点叫我起床办公”，智能家居就会根据用户的午休需求调节灯光与温度，同时自动设置下午 2 点的闹钟。在下午 2 点叫醒用户后，智能家居还能够自动调节灯光与温度，来满足用户的办公需求。

另一方面，基于 AIGC 强大的数据分析能力和智能算法，全屋无感智能或将实现。用户无须发出指令，智能家居就能根据用户的行为习惯、个性化需求等，自动创建居家场景，给用户带来个性化的居家体验。在 AIGC 的支持下，智能家居的理解能力、学习能力将大幅提升，能够主动为用户提供更加贴心的服务。

未来，随着 AIGC 技术的发展和应用，更多的智能家居设备、智能家居系统将接入 AIGC 能力，全屋智能的理解式交互、无感交互或将实现。

## 海尔智家：大模型落地智能家居领域

在长期发展中，智能家居品牌海尔智家积累了丰富的智能家居领域专业知识以及海量的数据资源，具备研发大模型的实力。

不够智能的语音交互、需求指令不能被完全理解、功能复杂等是智能家居领域产品的通病。对此，海尔智家推出了应用于智能家居、智慧家庭场景的大模型 HomeGPT。HomeGPT 不仅具有自然语言处理、图像处理等能力，还具备深度语义理解能力，进行了亿级家庭知识增强训练。基于 HomeGPT，海尔智家开发了行业内首个场景生成引擎。

HomeGPT 能够从多方面提升智能家居的智能性。首先，HomeGPT 具有很强的语义泛化理解能力，能够帮助智能家居理解用户的不同表达方式。其具备的引导交互技术能够驱动智能家居根据语境主动向用户推荐相关服务。在 HomeGPT 的支持下，智能家居能够摆脱机械式对话，与用户进行更加自然的交流。例如，智能家居能够理解“一小时后关机”“开半小时加湿功能”等指令。用户不用说出指令词，只需表示“有点冷”“有点干”等，智能家居就能够识别指令并调整房间温度与湿度。

其次，通过专业的知识增强训练，HomeGPT 掌握了丰富的家电功能、家电使用、家电售后等方面的知识，以及衣食住行、生活健康等方面的知识。这些知识能够与智能家居的控制、客服服务、售后服务等相关联，使智能家居具备主动服务能力。例如，当用户发出“明天早上 8 点打开空调”的指令时，智能家居能够根据明天的天气状况、生活常识等，提前设置合适的空调模式。

最后，基于场景生成引擎，HomeGPT 能够快速理解用户意图，进行主动分析与推理决策，生成个性化的场景。这使智能家居能够从提供固定场景服务转变为提供个性化的场景服务。例如，在用户回家场景中，智能家居在用户回家开门时就能打开灯光、空调等。用户可以定制开启暖光灯或冷光灯、打开或关闭窗帘等服务，获得更加个性化的居家生活体验。同时，用户还能够自行创建多种智能服务场景，来满足自身的学习、生活需求。

HomeGPT 的落地应用，将在未来变革用户的智能家居体验。海尔智家将持续推进 HomeGPT 的迭代，使其能够被应用于全品类智能家电和更多智能服务场景中。

# 第二节 AIGC 在智能家居中的三大应用

AIGC 在智能家居控制、智能家居安防、智能家庭助手等场景中都有巨大的应用潜力。在 AIGC 的支持下，智能家居系统、设备的智能性将大幅提升，功能也将更加完善。

## 智能家居控制：预测用户行为，贴心服务

当前，在智能家居场景中，家居设备自动化和互联已经成为趋势，这使人们的生活更加便利与舒适。而 AIGC 在智能家居场景中的应用，能够实现智能家居系统的智能、精准控制，进而为用户提供更加贴心的服务。

一方面，基于 AIGC，智能家居系统能够更好地统计用户数据，分析用户行为，进而优化服务。例如，智能家居系统能够感知用户在家的时间、行为等，并对这些数据进行分析，以预测什么时候需要启动智能家居设备。同时，智能家居系统能够控制智能家居设备的工作模式，来满足用户多样化的需求。例如，智能家居系统能够预测用户的出行时间，自动控制家居设备的工作模式，如关闭送气系统、关闭家电等。

另一方面，基于 AIGC，智能家居系统能够监测智能家居设备的运行状况，来及时发现异常情况。例如，当出现漏水、房间温度过高等情况时，智能家居系统就能够自动关闭闸门，调节温控系统。当检测到设备运行异常时，智能家居系统就会发出警报，提醒用户关注。

总之，在 AIGC 的支持下，智能家居系统不仅能够更加精准地预测用户行为与需求，为用户提供完善的服务，还能更好地进行系统、设备的检测与管理，为用户提供更舒适的居住环境。

## 智能家居安防：智能监控与安全决策

在智能家居安防方面，AIGC 能够基于智能算法对监控视频进行分析，自动识别异常事件。除了需要完成基础的监控任务，AIGC 还能识别并分析人物、物体等目标，提供精准的安全预警。

具体而言，AIGC 在智能家居安防中的应用主要体现在以下几个方面，如图 11-2 所示。

### 1. 智能监控

在智能监控方面，借助 AIGC 技术，监控系统能够实时监测多个监控画面，识别出陌生人闯入、家中起火等异常行为，并及时发出警报。同时，AIGC 还能够基于对历史数据的分析

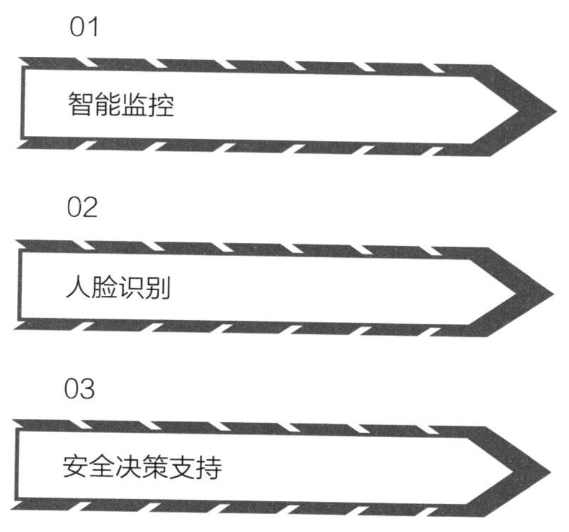


图 11-2 AIGC 在智能家居安防中的应用

与学习，提供准确的安全预测、风险报警。

### 2. 人脸识别

在智能家居安防场景中，AIGC 能够与人脸识别技术相结合，准确识别来访者的身份信息，提高居家生活的安全性。

### 3. 安全决策支持

通过收集并分析大量数据，AIGC 能够为用户提供数据支持，帮助用户制定合理的安全策略。AIGC 还能够通过预警功能为用户提供实时的决策支持，尽可能地避免安全事故的发生。

总之，AIGC 能够实现精准识别、风险预警、辅助决策等功能，在保障家庭安全方面发挥着重要作用。

## 智能家庭助手：实现情感化交互

当前，以智能音箱为代表的智能家庭助手产品已经进入了千家万户，为用户提供多样化的智能服务。而有了 AIGC 的支持，智能音箱将变得更加智能，不仅实现了功能升级，还能够实现与用户的情感化交互，提升用户的使用体验。

例如，天猫精灵发布了接入通义千问大模型的智能音箱产品“IN糖3 Pro”。在接入 AIGC 能力后，IN糖3 Pro 变得更加“聪明”。

以往，在与用户交互的过程中，智能音箱可能无法理解用户的需求，或忽略用户发出指令中的关键词，致使用户的使用体验不佳。而在接入AIGC能力后，IN糖3 Pro升级为用户的智能家庭助手。

基于AIGC能力，IN糖3 Pro拥有了连续对话能力，能够与用户进行多轮对话，并根据上下文理解语境，让对话更加自然。

在日常生活场景中，用户询问午餐推荐时，IN糖3 Pro不仅会推荐菜品，还会讲解食物的功能、富含的营养成分等，并给出菜品的搭配方案。在影视内容推荐方面，IN糖3 Pro不需要接收特定指令，就能够根据用户的自然语言提问推荐多方面的内容。同时，在日常沟通中，当用户希望IN糖3 Pro讲个笑话时，IN糖3 Pro不是播放录制好的音频资源，而是会将笑话融入到与用户的自然沟通中，会很自然地逗用户开心。

IN糖3 Pro具有一些拟人化特征，如有自己的名字，有自己的爱好，角色设定也更加个性化。相较于IN糖3，IN糖3 Pro在知识、记忆等方面的能力有所提升，并在对话中的表现高度拟人化。

此外，IN糖3 Pro还具有情感理解能力，能够与用户进行情感交互。例如，当用户表示自己玩游戏连输、心情低落时，IN糖3 Pro就会安慰用户，并建议用户休息一下，调整状态。当用户情绪激动时，IN糖3 Pro就会安抚用户，并提醒用户注意言行。可以说，IN糖3 Pro就像一位善解人意的朋友。

在AIGC的支持下，IN糖3 Pro拥有了更加智能的功能和多样的玩法，能够从多个方面服务于用户的家庭生活。

未来，随着AIGC技术的发展，智能音箱在沟通人性化、个性化方面的能力将会进一步提升，成为更具温度的智能家庭助手。

一方面，智能音箱将拥有多种多样的角色设定，有不同的身份、性格、偏好等，能够在与用户的沟通中生成个性化的回复。同时，在虚拟技术的帮助下，智能音箱将具备多样化的虚拟形象，能够与用户进行面对面的交互。除了语音表达，虚拟形象还能够通过动作、表情等来传递情感，表达对用户的关心，实现与用户的更深层次的交互。

另一方面，通过数据分析、深度学习等，智能音箱能够了解用户的行为、喜好等，为用户提供更加符合其需求和偏好的服务。这能够帮助用户表达自己的情感，获得更加真实的交流体验。

总之，随着 AIGC 的不断发展，智能音箱的智能程度将不断提升，功能也将更加完善，能够为用户提供更多样化的服务，全面融入用户的居家生活。

# 第三节
# 企业加深 AIGC 智能家居探索

在 AIGC 赋能智能家居方面，很多互联网巨头和家居企业都展开了探索。例如，一些互联网巨头借助自身大模型技术和 AIGC 能力升级智能家居设备；家居企业积极探索“AIGC+ 智能家居”解决方案，尝试将 AIGC 与自身业务与产品相结合。

## 互联网巨头：基于大模型能力升级智能家居

百度、华为等互联网巨头在 AIGC 技术方面具有显著的优势，能够升级智能家居设备，提升智能家居的智能化程度。

2023 年 2 月，小度官方表示，将基于文心一言，打造面向智能设备场景的大模型“小度灵机”。之后，这一模型将应用到小度旗下全部产品中。

以小度智能音箱为例，借助小度灵机大模型，小度智能音箱可以变身为用户的超级助理。在测试中，测试员需要告诉智能音箱自己将在周末做什么事情。但是在叙述的时候，测试员会更改自己的要求，如原定于周日做的 A 事件被更换为 B 事件。

面对这种复杂的要求，小度智能音箱能够从测试员的叙述中提炼出有用的信息，并生成一份正确的时间安排表。此前，小度智能音箱不具备理解复杂描述以及整合信息的能力，但在小度灵机的支持下，小度智能音箱能够顺利完成复杂任务。

同时，在智能家居设备控制场景中，搭载小度灵机的小度智能音箱能够化身智能管家，精准捕捉用户需求。在测试中，测试员以自然语言说出自己工作日和周末的起床时间，以及在冬季和夏季时对室内温度的要求，小度智能音箱能够根据这些描述，确定什么时候需要开空调、空调调到多少度等。

相较于传统智能音箱只能根据“打开空调”这一指令执行操作，小度智能音箱能够“认识”到不同用户对室内温度的需求不一样，并根据季节以及用户需求将空调调到合适的温度。

未来，随着小度灵机大模型的落地应用及不断迭代，测试中的场景将会变为现实，小度智能音箱将以更加自然的互动、多样化的智能功能为用户带来智能化体验。

## 家居企业：探索“AIGC+ 智能家居”解决方案

随着用户生活水平的提高以及需求的变化，定制化智能家居成为许多用户的新需求。面对这一需求，一些家居企业积极探索，推出多样化的“AIGC+ 智能家居”解决方案。

2023 年 5 月，定制家具品牌尚品宅配发布了以多模态大模型为底座的 AIGC 技术，将产品、服务与 AIGC 结合，推动 AIGC 在各场景的工业化部署。这为尚品宅配推出的“随心选”全屋定制模式赋能。在具体应用中，AIGC 能够辅助设计师进行个性化的设计，帮助用户定制各类家电、装饰品等，实现更好的搭配效果。

2023 年 6 月，家装集团东易日盛召开了“家装新范式——AIGC · 智变”发布会，发布了“创意大师”“真家 AIGC”“小白设计家”三款 AIGC 家装工具。其中，“创意大师”能够根据关键词生成创意图，还能够生成空间规划、家居搭配等方面的设计方案。“真家 AIGC”依托东易日盛的数字化全案家装系统，助力家装设计方案落地；“小白设计家”面向 C 端用户，用户可以根据自己的喜好、兴趣进行定制化的设计，让家居更符合自己的个性化需求。

家装设计平台三维家也加大了在 AIGC 领域的研发投入，推动产品矩阵迭代。其推出了 3D 云设计、云制造等产品矩阵，为家居制造提供智能、覆盖全流程的云工业软件解决方案。同时，三维家与内容生成平台无界 AI 达成合作，共同探索 AIGC 技术在家装设计领域的应用，借助无界 AI 的算法技术，辅助家装设计流程。

当前，索菲亚已经将三维家的 AI 设计软件应用到家居设计生产中，实现了家居智能化设计。例如，家居柜体可以根据户型、空间、风格搭配等灵活设计。在用户输入尺寸及各种要求后，AI 设计软件能够生成合适的柜体方案，大幅提高了设计效率。

随着 AIGC 探索的逐步深入，家居企业实现智能化设计制造将成为趋势。而随着 AIGC 技术的进一步应用，家电、配饰等也能够实现个性化定制，实现柔性智能制造。

## 美的集团：借大模型提升产品性能

在大模型和 AIGC 蓬勃发展的趋势下，综合性现代企业集团美的基于多年来对 AI 技术的探索，积极入局 AIGC 赛道，推出了自己的 AIGC 产品。

2023 年 10 月，美的集团推出了“美的家居大脑”智能主动服务引擎。该引擎搭载美的集团旗下家居领域大模型“美言”，具备感知、交互、决策等能力，支持智慧烹饪、智慧能源等业务系统，覆盖生活的方方面面。

美言大模型是“美的家居大脑”的 AIGC 能力来源，能够支持“美的家居大脑”对用户需求快速响应，更好地理解用户意图、上下文关联等。同时，美言大模型具备专业领域的知识，能够理解用户的需求并准确地回复家居领域的问题。

基于美言大模型，“美的家居大脑”通过智能设备，能够理解用户意图、回答用户的问题并帮助用户控制家电等，与用户进行自然交互。例如，当用户询问在烹饪中能否使用玉米油代替橄榄油时，“美的家居大脑”就会给出专业的回答。同时，

“美的家居大脑”还能进行场景识别、声源识别，处理账户信息、设备动作等，适时进行生活提醒并进行精准推荐。

此外，“美的家居大脑”能够利用 AIGC 技术，提升服务机器人的交互能力。美的集团推出了家庭服务机器人品牌和家庭服务机器人产品，致力于打造贴心的家庭助理。在功能上，家庭服务机器人具有控制全屋家电、联动物联网设备的能力，能够主动为用户提供智能家居服务。

“美的家居大脑”与家庭服务机器人的结合将提升机器人的能力。例如，“美的家居大脑”能够理解复杂的用户指令，并控制服务机器人完成家居环境中的各种任务。

当前，美的集团正在持续推进“美的家居大脑”的落地应用，未来，其将会持续推进技术研发，打造更加智能的 AIGC 产品并推动产品的落地。

# 第十二章

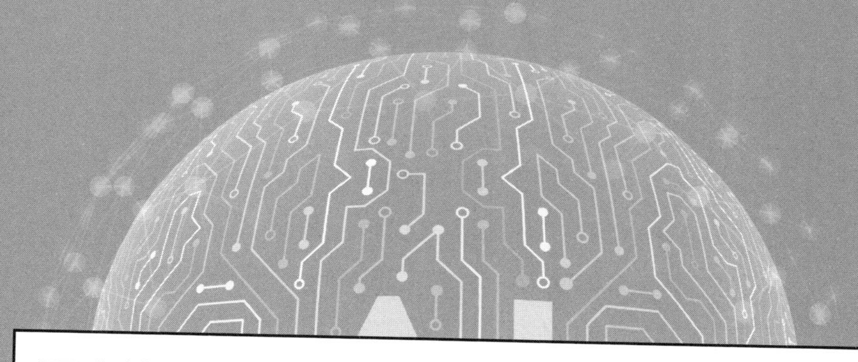


# 医疗健康：AIGC 为医药创新提速

CHAPTER 12

AIGC 的出现让医疗健康行业的发展充满想象。AIGC 不仅能够代替医生完成医疗咨询、病历撰写等工作，还能够为医生的医疗诊断、医药研发等提供帮助。AIGC 在医疗领域的落地能够有效减轻医生的工作压力，提高医疗资源的利用率。同时，在健康管理过程中，AIGC 能够生成科学的管理方案，提供智能健康管理服务，让患者能够享受到个性化、全方位的健康管理服务。

# 第一节
# AIGC 提供多元化智能医疗服务

基于强大的问答能力、内容生成能力、图像分析能力等，AIGC 能够应用于医疗咨询、病情诊断等方面，提升医疗服务的效率。同时，医院也可以基于 AIGC 实现服务流程的优化。

## 医疗咨询：提供精准、个性化回答

在就医之前，患者往往需要进行相关的医疗咨询，例如，通过线上小程序或到医院咨询处咨询病症、挂号详情等。在这方面，AIGC 能够很好地完成医疗咨询任务，根据用户的询问给出专业的回答。在提供咨询服务之外，AIGC 还能帮助用户完成预约。

医院可以基于 AIGC 开发智能的预就诊系统。经过与患者的沟通，系统能够回答患者关于就医的咨询问题，并根据患者的症状，智能匹配相应的科室和医生，帮助患者完成预约。同时，系统还能够自动生成病历，为医生提供详尽的患者信息，从而提高诊疗效率，减少患者等待时间。

针对医疗健康领域，商汤科技发布了大模型“大医”。该大模型的功能覆盖智慧患者服务、智慧临床等领域，以及智能自诊、用药咨询等医疗场景。

在医疗咨询方面，大医提供体检咨询、健康问答等咨询服务，能够与用户进行多轮对话，了解用户的问题并给出专业的建议。在提供专业解答的同时，大医也会告诉用户咨询建议不能代替医生意见，并提醒用户需要听从医生指导。

对于患者的就诊需求，大医提供智能导诊、预问诊等服务。在诊疗过程中，大医能够实时记录、整理医患问诊对话内容，并将总结的病历信息上传到电子病历系统，提高诊疗效率。在诊疗完成后，大医能够为患者提供用药指导、制定随访计划等，为医院完善医疗服务提供助力。

当前，大医已面向医疗健康产业链相关机构开放服务，并在一些医院实现落地应用。未来，商汤科技将持续加深与医疗机构、相关企业的合作，进一步释放大模型在医疗健康领域的应用潜力。

## 病情诊断：智能疾病分析助力医生决策

在病情诊断方面，AIGC 能够基于对疾病诊断知识、检测知识等知识的学习，为医生提供辅助分析和治疗建议。这能够提高诊断的准确性，实现治疗方案个性化定制，提高医疗服务质量。

在遗传疾病诊断方面，AIGC 能够对患者的基因组进行全面的分析，识别基因变异、潜在的遗传疾病风险等，分析患者是否携带致病基因，进而给出相应的预防方案、治疗方案等。在癌症早期筛查方面，AIGC 能够分析患者的基因数据，识别出癌症的基因标志物，发现隐藏的肿瘤病变。基于此，患者能够实现早期诊断与治疗，提高治愈率。

在治疗方案设计方面，AIGC 能够对患者基因数据、病情等进行综合分析，为患者提供个性化的治疗方案。根据患者的基因变异情况、药物代谢能力等，AIGC 能够预测患者对药物的反应，帮助医生制订更加精确的治疗方案。

当前，一些企业和医疗机构已经进行了相关探索。例如，谷歌和美国国立卫生研究院合作进行了一项研究，以 AIGC 预测糖尿病性视网膜病变的风险。基于海量的眼底图像，研究团队训练出了一个深度学习模型。该模型能够检测并识别眼底病变，帮助医生尽早发现病变，及时给出治疗方案。

未来，随着 AIGC 技术的发展以及其对海量医学知识、患者病历的学习，AIGC 能够提供更加准确的病情诊断结果和更具针对性的治疗方案。基于此，AIGC 能够成为医生的好帮手，人机协同的诊疗方式也将在未来成为主流。

## 医院引入 AIGC，优化服务流程

在 AIGC 风潮下，一些医院加大了对先进技术的研发与创新，实现了服务流程的优化。在这方面，温州医科大学附属第一医院做出了良好示范。

在就诊环节，该医院借助 AI、大数据等技术，打造了智能预就诊系统。通过对话式预问诊，该系统能够根据患者给出的症状信息为其匹配相应的科室与医生，帮助患者完成预约。同时，该系统还能够自动生成病历，帮助医生了解患者信息。此外，借助人脸识别技术，该系统简化了挂号、缴费、取药等环节，缩短了患者的就医时间。

在辅助诊疗方面，该医院引入了基于 AI 的临床辅助决策支持系统。该系统能够基于知识库和疾病诊断知识，给出分析结果和治疗建议，辅助医生决策。这提高了诊断的准确性和治疗方案的精准性。

此外，温州医科大学附属第一医院也积极探索大模型技术，致力于构建智慧医院系统。当前，该医院已经与京东健康达成了合作，双方将集合优势资源，借助医疗大模型、大数据、云计算等技术，共同进行医院智慧服务的顶层设计，并推进方案实施。基于这些探索，双方将打造全新的医院服务模式，改善患者就医体验，助推医疗体系的高质量发展。

在医疗领域，AIGC 的落地将打造更加智能化的诊疗场景，推进医疗机构的数字化转型。未来，医疗机构从就诊前到就诊后的全流程智能服务、定制化的智能健康助理等都将成为现实。

# 第二节
# AIGC 打造健康管理新方案

在健康管理方面，AIGC 能够实现智能的健康监测，并给出科学的健康管理建议，帮助用户进行慢性病管理、健康维护等。

## AIGC 重塑健康管理模式

AIGC 能够应用于健康管理领域，提供数据处理与分析、疾病诊断与预测、个性化用药指导等服务。AIGC 在健康管理领域具有巨大的应用价值，能够重塑健康管理模式，主要体现在以下几个方面，如图 12-1 所示。

### 1. 提升健康监测与评估的准确性

基于大数据、机器学习等技术，AIGC 能够对用户的健康数据进行深入分析与挖掘，提升健康监测与评估的准确性。例如，通过对用户病情、生活习惯、生理指标等数据的分析，AIGC 能够准确评估用户的身体健康情况。

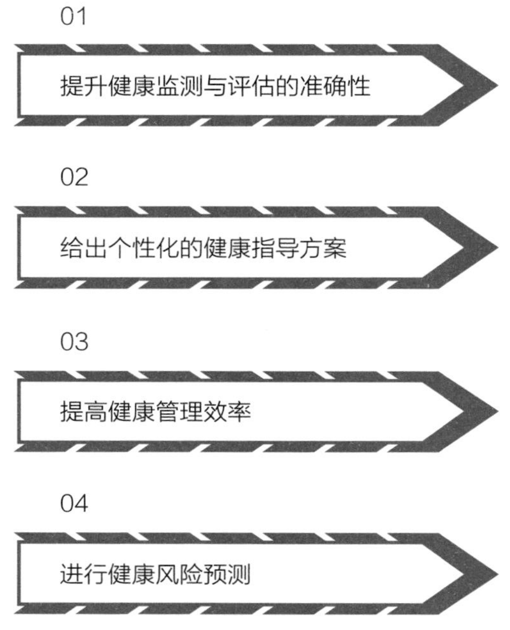


图 12-1 AIGC 在健康管理领域的价值

### 2. 给出个性化的健康指导方案

在监测与评估用户健康状况的同时，AIGC 能够根据用户的健康状况、健康目标等，给出个性化的健康指导方案。例如，AIGC 能够根据用户的生活习惯、运动习惯、运动目标等，提供相应的饮食建议、运动建议，提高用户健康水平。

### 3. 提高健康管理效率

AIGC 能够通过自动化的数据采集与分析，提高健康管理效率。通过实时上传的各种用户健康数据，使 AIGC 能够不断更新健康评估结果，帮助用户随时了解自己的健康状况。

### 4. 进行健康风险预测

AIGC 能够整合用户的体检报告、医疗记录等方面的数据，建立用户健康档案，并通过对这些数据的挖掘与分析，及时发现潜在的健康风险，从而给出建议。基于对海量健康数据的分析和学习，AIGC 能够为用户提供精准的健康风险预测服务。

AIGC 能够从以上几个方面重塑健康管理模式，为用户带来智能化健康管理新体验。在 AIGC 融入健康管理的潮流下，健康管理师、营养师等将拥有更多智能化技能，为用户提供更加完善、优质的健康管理服务。

## AIGC 助力慢性病个性化管理

在医疗健康领域，AIGC 能够与慢性病管理系统结合，提升系统的智能性，为用户提供全方位的慢性病个性化管理服务。基于 AIGC 的慢性病管理系统主要具备以下功能，如图 12–2 所示。

### 1. 健康数据采集与分析

该系统通过可穿戴设备和其他智能设备，实时监测用户

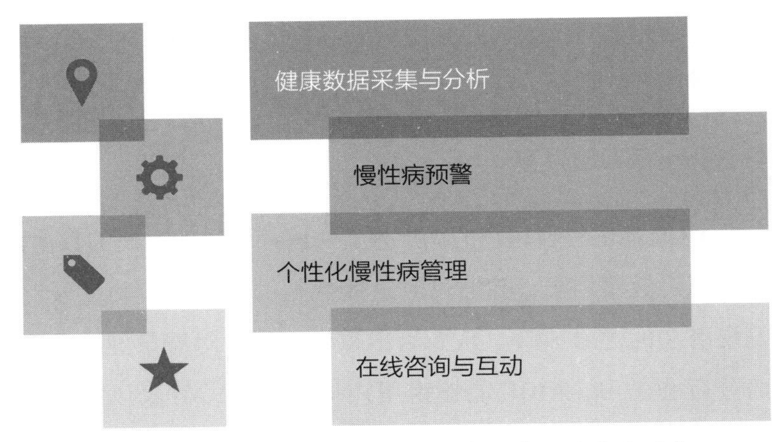


图 12-2　基于 AIGC 的慢性病管理系统的主要功能

的生理指标，如心率、血压等。同时，该系统基于智能算法对采集到的数据进行分析，能够提取有用信息，为后续的病情管理提供依据。

## 2. 慢性病预警

该系统能够通过对患者生理指标、历史数据的分析，对慢性病风险进行预测，并适时发出警报提醒用户关注。

## 3. 个性化慢性病管理

该系统能够根据用户的健康状况，给出饮食、运动、用药等方面的建议，制订个性化的慢性病管理计划。在病情管理过程中，该系统能够对用户的康复情况进行评估，便于用户了解身体恢复情况。

### 4. 在线咨询与互动

该系统还能够与用户互动，支持在线问诊、咨询等服务，便于用户了解病情。

总之，在慢性病管理方面，AIGC 能够提供准确的数据驱动的决策、进行智能预警与干预、提供便捷的在线服务等，从多个方面助力用户进行慢性病管理。这能够让更多用户享受到智能的健康管理服务。

未来，随着 AIGC 的发展，多维度的健康数据的收集、更先进的智能算法等能够提升健康数据分析、疾病诊断的准确性，提升慢性病管理的水平和效果。而接入 AIGC 能力的慢性病管理系统将成为慢性病管理的重要工具。

## 美年健康：数智健管师助力健康管理

2024 年 1 月，预防医学领域的知名企业美年健康与华为云、上海润达医疗科技股份有限公司（以下简称“上海润达”）签署合作协议。三方将发挥各自的技术与资源优势，基于华为云平台打造一款健康管理 AI 机器人——“健康小美”数智健管师，为健康体检领域提供智能化解决方案。

基于海量的健康体检大数据和人工智能布局，美年健康负责健康小美项目的整体统筹与项目发布；基于在云计算、大数据、大模型等方面的先进技术，华为云负责为健康小美项目提供算力、操作系统、语音识别、大模型等方面的技术支持；基于在智慧医疗服务领域的经验与资源优势，上海润达负责提供健康小美项目的运营方案，包括生成式病历、临床辅助决策、智慧检验应用等。

健康小美数智健管师能够为用户提供多方面的健康管理服务，主要具有以下功能。

（1）健康小美能够对用户的健康数据、生活习惯、运动数据等进行分析，为其提供个性化的健康建议、预防措施等。

（2）基于数字孪生技术，健康小美能够帮助用户创建数字孪生人，模拟用户的健康状况。通过监测数字孪生人的健康数据，健康小美能够发现潜在的健康问题，并给出解决方案。

（3）通过分析医疗影像、病历等数据，健康小美能够为医生诊断病情提供辅助，提升病情诊断的效率和准确性。

在应用方面，华为云与上海润达将为健康小美在美年健康业务场景中的应用提供支持，实现用户体检前、体检中、体检后的全流程体验优化，提升体检效率。美年健康将加速健康小美的推广落地，将其应用到旗下数百家体检中心，为用户提供个性化、智能化的健康管理服务。

美年健康在科技领域布局已久，通过 AI、大数据等技术的研发，推出了多样化的创新体检项目。同时，其 AI 技术应用已经覆盖 AI 疾病诊断、儿童骨龄 AI 评估等多个方面。

随着 AIGC 技术的发展，美年健康将进一步加深技术布局，深入挖掘数据价值，通过多方合作来推进大模型在健康体检、健康管理等场景的落地。同时，美年健康将持续借助 AIGC 技术优化业务流程和用户体验，满足用户多元化的健康管理需求。

# 第三节
# AIGC 医疗未来趋势

AIGC 在医疗健康领域具有巨大的应用潜力，随着企业、医疗机构在这方面的探索不断深入，AIGC 的潜力将被进一步挖掘。未来，AIGC 在医疗健康领域的应用将逐步深入，驱动行业的数字化、智能化发展。

## 大模型在医疗健康领域的落地成为趋势

随着大模型的发展，“百模大战”打响。在医疗健康领域，大模型有着落地应用的“肥沃土壤”，展现出巨大的应用价值。基于此，不少企业都积极推出医疗健康大模型。

2023 年 8 月，全病程管理平台微脉推出了聚焦健康管理领域的大模型 CareGPT。该大模型是基于国内开源大模型打造的健康管理应用产品，具备疾病预防、咨询、预约、康复等全周期的健康管理能力。该大模型能够应用于医疗服务场景中，可以提升健康管理的智能化水平。

2023 年 12 月，深耕医疗领域多年的医渡科技发布了自主研发的医疗垂直领域大模型。该大模型将在公共卫生决策、临床诊疗、患者健康管理、医院智能管理等场景落地，聚焦医疗场景中的痛点问题，从而带来创新性的应用。

AI 科技公司科大讯飞基于升级后的讯飞星火认知大模型，打造了讯飞星火医疗大模型，并推出了基于讯飞星火医疗大模型的智能化应用“讯飞晓医”App。

科大讯飞在大模型赋能医疗方面早有布局。早在发布讯飞星火认知大模型时，科大讯飞就公布了“1+N”的战略部署，将为更多行业赋能。在医疗领域，基于讯飞星火认知大模型的 AI 患者管理平台已经在医院实现应用，为医生管理患者、患者进行咨询等提供帮助，大幅提升了患者的满意度。

而随着讯飞星火医疗大模型和讯飞晓医 App 的出现，用户能够享受到更加便捷的医疗服务。基于讯飞星火认知大模型的能力支持，以及对医疗文献、医疗对话、专业知识等数据的训练与强化学习，讯飞星火医疗大模型具备复杂语言理解、多轮交互、医疗内容生成、诊断治疗推荐等能力，能够辅助医生进行疾病诊断。

在诊前，讯飞星火医疗大模型能够通过多模态交互与患者进行对话，根据患者病情为其匹配相对应的科室与医生，并根据患者病情、病史等信息生成电子病历。在诊中，讯飞星火医疗大模型能够辅助医生进行病情诊断，提高诊疗效率。在诊后，讯飞星火医疗大模型能够根据患者病历、患者画像等，生成个性化的病情管理规划。同时，其还能够提供全天候咨询服务，为患者提供饮食建议、用药指导等，并监测患者身体状况。

智能应用讯飞晓医能够提供线上问诊、用药咨询、报告解读等方面的服务，将服务范围从患者拓展到更多普通人，成为惠及更多人的智能健康助手。例如，在去药店购药之前，用户可以在讯飞晓医中询问购药方案，降低用药风险；在拿到体检报告后，用户可以通过讯飞晓医生成报告重点内容和健康提醒，进而有针对性地进行复诊。

医疗大模型的出现引领了医疗领域的发展风潮。当前，智慧诊疗、医院管理、医学科研等方面都有大模型产品涌现，打造了多样化的大模型应用场景。未来，大模型将在医疗领域实现更广范围的落地，在优化医院管理与服务、优化患者体验的同时还能为更多用户提供健康管理服务。

## 神州医疗：发布医疗大模型及一体机

2024 年 3 月，医疗科技企业神州医疗发布了医疗大模型及一体机，并与多家合作伙伴达成合作。

神州医疗基于 AI 技术和高质量多模态大数据，研发出一款面向医疗领域的多模态大模型。该大模型通过对临床、影像、病理、基因等数据的训练与学习，能够赋能临床诊疗、医疗科研、健康管理等诸多场景。

该大模型具有三大亮点。第一，基于数据生产引擎，该模型能够实现数据资源向数据资产的转化。第二，该大模型能够助力智能科研，帮助医院加速学科建设。第三，该大模型具有强大的推理生成能力，能够提升病情诊疗的精准性。

除了医疗大模型，神州医疗还推出了多模态临床科研一体机。该一体机是一款集临床与科研于一体的平台，涵盖影像科研平台、跨模态数据科研平台等，为临床发现、疾病诊断、疾病预测等提供支持。该一体机的应用能够打破医疗领域的数据孤岛，实现医疗领域多模态数据的连接，为医疗机构临床科研、药物研发、健康管理等多方面的业务提供助力。

神州医疗与上海泽信软件有限公司、曙光信息产业股份有限公司等企业达成了战略合作，共同探索大模型在医疗健康领域的落地路径。未来，神州医疗将与业内更多企业合作，与合作伙伴共同打造良好的医疗健康生态。

## AIGC 助力生物制药，为药物研发提速

在生物制药领域，药物研发是一大难点问题。传统药物研发需要耗费大量的时间、精力和资源，且失败率很高，研究人员承受着很大的压力。而 AIGC 的应用能够解决这些问题。通过对海量药物数据、患者数据的分析，AIGC 能够帮助研究人员找到新的药物靶点[1]，加速新药研发的进程。

从具体应用来看，药物研发的过程十分漫长，涉及靶点

[1] 靶点，医学上进行某些放射治疗时，放射线从不同方位照射，汇集病变部位，这个病变部位叫作靶点。——编者注

确认、靶点验证、化合物合成、制剂开发、临床研究等多个环节。不同的环节中都潜藏着 AIGC 切入点。例如，在化合物合成环节，AIGC 能够基于靶点的性质、历史数据等，辅助研究人员进行化合物的设计、优化；在临床研究环节，AIGC 能够对临床试验数据进行分析，为药物研发提供参考方案。

当前，在 AIGC 助力药物研发方面，已经有了一些实际探索。例如，谷歌旗下的 DeepMind 团队推出了一款基于 AI 的可以预测蛋白质 3D 结构的程序 AlphaFold2。

基于对蛋白质结构相关数据的训练和强化智能算法，AlphaFold2 具备预测蛋白质结构的能力，能够快速、精确地预测蛋白质的结构。基于这种能力，AlphaFold2 能够为药物研发提供支持。在药物研发过程中，研究人员需要寻找药物靶标，来确定药物分子与哪种蛋白质结合。而 AlphaFold2 能够快速筛选药物靶标，助力药物研发提速。

除了谷歌，大模型初创团队水木分子发布了多模态生物医药对话大模型 ChatDD-FM100B，并推出了对话式药物研发助手 ChatDD。基于大模型能力，ChatDD 能够理解多模态数据，与研究人员进行互动，为药物研发提供支持。在具体应用中，ChatDD 能够在药物立项、临床试验等阶段为研究人员提供助力。

药物立项是药物研发的第一步。高质量的立项报告离不开研究人员收集并分析海量的数据，如专利和文献、市场信息等。在这方面，ChatDD 能够作为助手，帮助研究人员快速生成立项报告。

当前，AIGC 在生物制药领域已经有所应用。未来，随着更多科研成果的出现与应用，药物研发的效率将大幅提升，成本也将大幅降低。这有助于推动生物制药领域的发展。

## 英伟达携手基因泰克，探索 AI 制药

在生物制药方面，当前已经有一些企业将 AI 引入制药过程中，加速药物研发。例如，英伟达与罗氏集团旗下的基因泰克公司达成合作，双方将共同探索 AI 模型在药物研发中的应用。

具体而言，英伟达将基于旗下的 AI 超级计算服务平台 DGX Cloud 中的 NVIDIA BioNeMo 应用，优化基因泰克的机器学习算法与 AI 模型。NVIDIA BioNeMo 是一款用于药物研发的生成式 AI 应用，支持企业基于自己的数据训练模型。在 NVIDIA BioNeMo 的支持下，企业能够进行 AI 模型的快速开发和部署，加速药物研发过程。

此外，英伟达将在合作中持续进行药物洞察，改进 NVIDIA BioNeMo 应用，以更好地满足生物制药对模型的要求。

一直以来，药物研发都是一个漫长、复杂的过程。药物的靶点难以预测，开发出潜在的治疗分子也十分困难。而 AI 模型能够在海量数据中进行训练，帮助研究人员识别药物分子的相互作用。通过此次合作，基因泰克能够获得定制化模型，

将 AI 生成能力集成到药物研发过程中，简化、加速药物研发过程。

英伟达与基因泰克的合作不是英伟达在生物制药领域的首次探索。此前，英伟达曾多次对生物制药公司进行投资，并与药企合作，以 AI 算法赋能药物研发。从生物制药的产业链来看，英伟达与药企处于不同位置。英伟达作为上游企业，能够为药企提供数据库、云计算平台、AI 模型能力、模型优化能力等，为药企提供技术支持。而在英伟达的支持下，药企能够打造出更高效的 AI 模型，从而提升药物研发效率。

此次与基因泰克合作，是英伟达在生物制药领域的进一步探索。未来，英伟达将基于自身的技术优势，为药企提供更加先进、智能的技术与服务支持。

# 附　录
# 各类 AI 公司官网、工具链接清单

| 序号 | 类型 | AI 工具名称 | 入口 | 功能 / 介绍 |
| --- | --- | --- | --- | --- |
| 1 | 聊天 / 内容生成 | 文心一言 | https://yiyan.baidu.com | 综合型 AI：内容生成、文档分析、图像分析、图表制作、脑图…… |
| 2 | | 通义千问 | https://tongyi.aliyun.com | 综合型 AI：内容生成、文档分析、图像分析…… |
| 3 | | Kimi（月之暗面） | https://kimi.moonshot.cn | 综合型 AI：内容生成、文档分析、互联网搜索…… |
| 4 | | 腾讯混元 | https://hunyuan.tencent.com/bot/chat | 综合型 AI：内容生成、文档分析、灵感推荐…… |
| 5 | | 讯飞星火 | https://xinghuo.xfyun.cn | 综合型 AI：内容生成…… |
| 6 | | 抖音豆包 | https://www.doubao.com | 综合型 AI：偏互联网运营方向，内容生成…… |
| 7 | | 智谱 AI | https://open.bigmodel.cn | 综合型 AI：内容生成、知识问答…… |
| 8 | | 百川智能 | https://www.baichuan-ai.com/chat | 综合型 AI：内容生成、文档分析、互联网搜索…… |
| 9 | | 360 智脑 | https://ai.360.com | 综合型 AI：360 智脑全家桶…… |
| 10 | | 字节小悟空 | https://wukong.com/tool | 综合型 AI：字节跳动内容生成工具集 |
| 11 | | 达观数据曹植 | http://www.datagrand.com/ | 行业垂域大模型 |

续表

| 序号 | 类型 | AI 工具名称 | 入口 | 功能 / 介绍 |
| --- | --- | --- | --- | --- |
| 12 | AI 办公 – 综合 | 360 数字员工 | https://ai.360.com | 聚焦团队协作共享，有企业知识库、AI 文档分析、AI 营销文案、AI 文书写作等智能工具 |
| 13 | | 有道 AI | https://ai.youdao.com | 文本翻译、语音翻译、文字识别、表格识别…… |
| 14 | AI 办公 – Office | AiPPT | https://www.aippt.cn | 自动生成 PPT 大纲、模板、Word 转 PPT…… |
| 15 | | iSlide | https://www.islide.cc | AI 一键设计 PPT |
| 16 | | WPS AI | https://ai.wps.cn | WPS 的 AI 插件（智能 PPT、表格、文档整理……） |
| 17 | | ChatPPT | http://www.chat-ppt.com | AI 插件，支持 Office、WPS，自动生成文档 |
| 18 | | 360 苏打办公 | https://bangong.360.cn | AI 办公工具集：文档、视频、设计、开发…… |
| 19 | | 酷表 ChatExcel | https://chatexcel.com | 智能 Excel 公式 |
| 20 | | 商汤办公小浣熊 | https://raccoon.sensetime.com | 智能图表 |
| 21 | AI 办公 – 会议纪要 | 讯飞听见 | https://www.iflyrec.com | 音视频转文字，实时录音转文字，同传，翻译…… |
| 22 | | 阿里通义听悟 | https://tingwu.aliyun.com | 实时转录，音视频转文字，互联网内容提炼…… |
| 23 | | 飞书妙记 | https://www.feishu.cn/product/minutes?from=thosefree.com | 飞书文档中的会议纪要工具，实时转录，音视频转文字 |

续表

| 序号 | 类型 | AI 工具名称 | 入口 | 功能 / 介绍 |
| --- | --- | --- | --- | --- |
| 24 | | 腾讯会议 AI | https://meeting.tencent.com/ai/index.html | 会议纪要整理，个性化提醒事项 |
| 25 | AI 办公 - 脑图 | ProcessOn | https://www.processon.com | AI 思维导图 |
| 26 | | 亿图脑图 | https://www.edrawsoft.cn/mindmaster | AI 思维导图 |
| 27 | | GitMind 思乎 | https://gitmind.cn/ | AI 思维导图 |
| 28 | | boardmix 博思白板 | https://boardmix.cn/ai-whiteboard | 实时协作的智慧白板，一键生成 PPT，AI 协助创作思维导图，AI 绘画，AI 写作，共享资源素材 |
| 29 | | 妙办画板 | https://imiaoban.com | 生成流程图、思维导图 |
| 30 | AI 办公 - 文档 | 司马阅 AI 文档 | https://smartread.cc/ | 每天免费 100 次提问，AI 文档阅读分析工具，通过聊天互动形式，精准地从复杂文档提取并分析信息 |
| 31 | | 360AI 浏览器 | https://ai.360.com | 智能摘要、文章脉络、思维导图等 |
| 32 | AI 写作 | 有道云笔记 AI | https://note.youdao.com | 有道云笔记写作插件，改写、扩写、润色…… |
| 33 | | 腾讯 Effidit | https://effidit.qq.com | 智能纠错、文本补全、文本改写、文本扩写、词语推荐、句子推荐与生成…… |

续表

| 序号 | 类型 | AI 工具名称 | 入口 | 功能 / 介绍 |
|---|---|---|---|---|
| 34 | | 讯飞写作 | https://huixie.iflyrec.com | AI 对话写作、模板写作、素材、润色…… |
| 35 | | 深言达意 | https://www.shenyandayi.com | 根据模糊描述找词、找句的智能写作工具 |
| 36 | | 阿里悉语 | https://www.msbd123.com/sites/963.html | 淘宝专用的商品文案生成工具，输入商品的淘宝链接即可获得文案 |
| 37 | | 字节火山写作 | https://www.writingo.net | 全文润色的 AI 智能写作 |
| 38 | | 秘塔写作猫 | https://xiezuocat.com | AI 写作模板，AI 写作工具，指令扩写润色…… |
| 39 | | 光速写作 | https://guangsuxie.com | 作业帮旗下：全文生成、PPT 生成、问答助手、写作助手 |
| 40 | | WriteWise | https://www.ximalaya.com/gatekeeper/write-wise-web?ref=ai-bot.cn | 喜马拉雅小说创作工具 |
| 41 | | 笔灵 AI | https://ibiling.cn | 一键生成工作计划、文案方案…… |
| 42 | | 易撰 | https://www.yizhuan5.com | 自媒体内容创作 |
| 43 | | Giiso 写作机器人 | https://www.giiso.com | 写作、文配图、风格转换、文生图…… |
| 44 | | 5118SEO 优化精灵 | https://www.5118.com/seometa | 快速生成高质量 SEO 标题、Meta 描述和关键字，轻松提升网站搜索引擎排名 |

续表

| 序号 | 类型 | AI 工具名称 | 入口 | 功能 / 介绍 |
| --- | --- | --- | --- | --- |
| 45 | AI 翻译 | 沉浸式翻译 | https://immersivetranslate.com | 翻译外语网页，PDF 翻译，EPUB 电子书翻译，视频双语字幕翻译等 |
| 46 | | 彩云小译 | https://fanyi.caiyunapp.com | 多种格式文档的翻译、同声传译、文档翻译和网页翻译 |
| 47 | | 网易见外 | https://sight.youdao.com | 字幕、音频转写、同传、文档翻译…… |
| 48 | AI 搜索引擎 | 天工 AI 搜索 | https://search.tiangong.cn | 找资料、查信息、搜答案、搜文件，还会对海量搜索结果做 AI 智能聚合 |
| 49 | | 360AI 搜索 | https://ai.360.com | AI 搜索能够从海量的网站中主动寻找、提炼精准答案 |
| 50 | | 秘塔 AI 搜索 | https://metaso.cn | 没有广告，直达结果 |
| 51 | | Miku | https://hellomiku.com | 智能搜索引擎，主打“快”和“准”，提供多种搜索方式和搜索结果 |
| 52 | | SciPhi.ai | https://search.sciphi.ai | AI 搜索引擎 |
| 53 | | 得理法搜 | https://home.delilegal.com | 新一代法律数据智能引擎，具有语义检索、案例检索报告、文书关联法条等功能 |
| 54 | 图像生成 / 编辑 | 通义万相 | https://tongyi.aliyun.com | AI 生成图片，人工智能艺术创作大模型 |
| 55 | | 文心一格 | https://yige.baidu.com | 文生图像 |
| 56 | | 剪映 AI | https://www.capcut.cn | 一键生成 AI 绘画 |

续表

| 序号 | 类型 | AI 工具名称 | 入口 | 功能 / 介绍 |
|---|---|---|---|---|
| 57 | | 腾讯 ARC | https://arc.tencent.com | 人像修复、人像抠图、动漫增强 |
| 58 | | 360 智绘 | https://ai.360.com | 风格化 AI 绘画、LoRA 模型训练 |
| 59 | | 无限画 | https://588ku.com/ai/wuxianhua/Home | 智能图像设计，整合千库网的设计行业知识经验、资源数据 |
| 60 | | 美图设计室 | https://www.x-design.com | 图像智能处理，海报设计…… |
| 61 | | liblib.ai | https://www.liblib.ai | AI 模型分享平台，各种风格的图像微调模型 |
| 62 | | 吐司 | https://tusi.cn | AI 模型分享平台 |
| 63 | | 标小智 | https://www.logosc.cn | 在线 LOGO 设计，生成企业 VI |
| 64 | | 佐糖 | https://picwish.cn | 提供丰富的图像处理工具 |
| 65 | | Vega AI | https://vegaai.net | 文生图，图生图，姿态生图，文生视频，图生视频…… |
| 66 | | WHEE | https://www.whee.com | 文生图，图生图，文生视频，AI 扩图，AI 超清…… |
| 67 | | 无界 AI | https://www.wujieai.com | 文生图 |
| 68 | | BgSub | https://bgsub.cn | 抠图 |
| 69 | | Pic Copilot | https://www.piccopilot.com | 由阿里巴巴国际 AI 团队打造，是一款 AI 驱动的图片优化工具，专门为电商领域提供服务 |

续表

| 序号 | 类型 | AI 工具名称 | 入口 | 功能 / 介绍 |
| --- | --- | --- | --- | --- |
| 70 |  | 简单 AI | https://ai.sohu.com | 智能图片生成平台和社区 |
| 71 |  | 6pen | https://6pen.art | 文本描述生成绘画艺术作品 |
| 72 | AI 设计 | 堆友 | https://d.design | 面向设计师群体的 AI 设计社区 |
| 73 | AI 设计 | 稿定 AI | https://www.gaoding.com | 图像设计 |
| 74 | AI 设计 | 墨刀 AI | https://modao.cc | 产品设计协作平台 |
| 75 | AI 设计 | 莫高设计 MasterGo | https://mastergo.com | AI 时代的企业级产品设计平台，界面设计、交互设计…… |
| 76 | AI 设计 | 创客贴 | https://www.chuangkit.com | 图形图像设计 |
| 77 | AI 设计 | 即时 AI | https://js.design/ai | 文生 UI，文生图，图生 UI…… |
| 78 | AI 设计 | Pixso | https://pixso.cn | 新生代 UI 设计工具 |
| 79 | AI 设计 | 即创 | https://aic.oceanengine.com | 抖音电商智能创作平台，能够进行 AI 视频创作、图文创作和直播创作 |
| 80 | AI 设计 | AIDesign | https://ailogo.qq.com | 腾讯推出的 AI 在线 Logo 生成器 |
| 81 | AI 设计 | 美间 | https://www.meijian.com | AI 软装设计、海报和提案生成工具 |
| 82 | AI 音频 | 度加创作工具 | https://aigc.baidu.com | 热搜一键成稿，文稿一键成片 |
| 83 | AI 音频 | 魔音工坊 | https://www.moyin.com | AI 配音工具 |
| 84 | AI 音频 | 网易天音 | https://tianyin.music.163.com | 智能编曲，海量风格 |

续表

| 序号 | 类型 | AI 工具名称 | 入口 | 功能 / 介绍 |
| --- | --- | --- | --- | --- |
| 85 | | TME Studio | https://y.qq.com/tme_studio | 腾讯音乐智能音乐生成工具 |
| 86 | | 讯飞智作 | https://www.xfzhizuo.cn | 配音、声音定制、虚拟主播、音视频处理…… |
| 87 | AI 视频 | PixVerse | https://pixverse.ai | 文生视频 |
| 88 | | 绘影字幕 | https://huiyingzimu.com | AI 字幕，翻译、配音…… |
| 89 | | 万彩微影 | https://www.animiz.cn/microvideo | 真人手绘视频、翻转文字视频、文章转视频、相册视频工具…… |
| 90 | | 芦笋 AI 提词器 | https://tcq.lusun.com | AI 写稿、隐形提词、智能跟读 |
| 91 | | 快剪辑 | https://kuai.360.cn | 专业视频剪辑 |
| 92 | | 万彩 AI | https://ai.kezhan365.com | 高效、好用的 AI 写作和短视频创作平台 |
| 93 | 数字人 | 腾讯智影 | https://zenvideo.qq.com | 数字人生成、文本配音、文章转视频…… |
| 94 | | 来画 | https://www.laihua.com | 动画、数字人智能制作 |
| 95 | | 一帧秒创 | https://aigc.yizhentv.com | AI 视频，数字人、AI 作画…… |
| 96 | | 万兴播爆 | https://virbo.wondershare.cn | 数字人，真人营销视频 |
| 97 | AI 写代码 | 昇思 MindSpore | https://www.mindspore.cn | 面向开发者的一站式 AI 开发平台，提供海量数据预处理及半自动化标注、大规模分布式 Training、自动化模型生成 |

续表

| 序号 | 类型 | AI 工具名称 | 入口 | 功能 / 介绍 |
|---|---|---|---|---|
| 98 | | 飞桨 | https://www.paddlepaddle.org.cn | 在线编程，海量数据集 |
| 99 | | ZelinAI | https://www.zelinai.com | 零代码构建 AI 应用 |
| 100 | | AIXcoder | https://www.aixcoder.com | 基于深度学习代码生成技术的智能编程机器人 |
| 101 | | 商汤代码小浣熊 | https://raccoon.sensetime.com/code | 代码生成、补全、翻译、重构…… |
| 102 | | CodeArts Snap | https://www.huaweicloud.com/product/codeartside/snap.html | 覆盖代码生成、研发知识问答、单元测试用例生成、代码解释、代码注释、代码翻译、代码调试、代码检查等八大研发场景 |
| 103 | | 天工智码 | https://sky-code.singularity-ai.com/index.html#/ | 基于昆仑万维天工模型的 AI 代码工具 |
| 104 | 模型训练 / 部署 | 火山方舟 | https://www.volcengine.com/product/ark | 模型训练、推理、评测、精调、应用 |
| 105 | | 魔搭社区 | https://modelscope.cn | 阿里达摩院推出，提供模型探索体验、推理、训练、部署和应用的一站式服务 |
| 106 | | 文心大模型 | https://wenxin.baidu.com | 产业级知识增强大模型 |
| 107 | AI 提示词 | Prompt Heroes | https://promptheroes.cn/ | 通过提示词，让人人都能 AI 绘画 |
| 108 | | 词魂 | https://icihun.com/ | AIGC 精品提示词库 |